李人豪，湘勇 編著

十七條打破僵局的應對法則

看準商機，重視商譽，從頭學到底

不怕錢跑不進口

曾經漂泊流浪，備受強權欺壓。

僅僅佔據全球人口 0.2% 的猶太人為何總能稱霸經濟市場？

猶太經典《塔木德》，一輩子有錢的致富思維。

不怕你偷走，只怕你永遠看不懂！

目錄

前言

第一章　手中有錢心中無錢

第二章　看準商機抓住財富

第三章　講究誠信重視商譽

第四章　張揚個性揮灑創意

第五章　崇尚知識熱衷學習

第六章　商業談判勝券在握

第七章　播種金錢收穫幸福

第八章　商人楷模成功典範

第九章　超凡智慧盡在一冊

前言

西方人常說，5 個猶太人湊在一起，就能控制整個世界的黃金市場。從羅斯柴爾德（Rothschild）到喬治·索羅斯（George Soros），從洛克斐勒（John Davison Rockefeller）到亨利·彼得森（Henry Peterson）……眾多猶太商業鉅子令世人翹首矚目。為什麼耀目全球的光環總是頻頻落到這個人口僅占世界 0.25%左右，並且曾經一度漂泊流浪、無寸土可居的小小民族的身上？

我們不妨看看猶太人賴以叱吒商海的經營理念和行為方式：

一、手中有錢，心中無錢

早在 2,000 年前，猶太人拉比們就已經開始教育他們的同胞：「錢不是罪惡，也不是詛咒，錢會祝福人的」。猶太人提倡不遮不掩，堂堂正正大大方方地向「錢」進軍，這在全世界的民族中當屬絕無僅有。如此文化背景下的猶太商人賺錢時思想上無掛無礙，極講實際，只要形式上不踰矩，他們無所不為。在他們眼裡，只要能夠賺取利潤，鑽石和棺材生意都是生意，沒有什麼高低貴賤之分，也沒有什麼不同。因此，往往在其他民族經營觀念拘囿不開的地方，猶太人輕易地取得壟斷地位，獲得高額利潤。

值得注意的是，雖然猶太人「手中有錢」，卻對錢保持著一種平常之心，甚至把它視為一塊石頭、一張紙。因此他們孜孜以求地去獲取它，而當失去它時，也不會痛不欲生。正是這種平常之心，猶太人能夠在驚濤駭浪的商海中馳騁自如，臨亂不慌，更易取得最終的勝利。

前言

二、看準商機，抓住財富

《塔木德》（*Talmud*）上說：「任何東西到了商人手裡，都會變成商品」。真正能實踐這句話的也只有《塔木德》的忠實信徒猶太商人，他們早已把合約、公司，乃至文化、藝術，甚至於他們認為可以出售的一切東西都可以商品化。1984 年，彼得．尤伯羅斯（Peter Ueberroth）把一向虧損巨大的奧運會賣出了天價，使奧運會從此身價百倍。雖然萬物皆可賣，真要做到、做好卻要求眼光銳利，敏於先機。因為思想開放且智識過人等諸多原因，這些在一般人百求難得的東西正是猶太商人的特長。包括剛提到的奧運會，現代世界的許多原先非商性領域，大多是在將興未興之時，被猶太商人率先打破封閉而納入商業世界的，比如娛樂業、收藏業等。

三、講究誠信，重視商譽

縱橫五大洲，經商數千年，絕少有猶太商人招搖撞騙的事例，他們通常不經營假冒偽劣產品，不做偷工減料的事，他們以誠信經商立世。

猶太商人的誠信，一是來自於其宗教文化，《塔木德》中有許多關於貿易活動中誠信原則的規定；二是來自其遠見卓識，作為一種弱勢存在，如果不守誠信，猶太民族可能早已消失。當然，猶太文化中的誠信與我們傳統文化中的誠信有相當大的區別，比如在經營理念上，他們和我們就存在著差異。從根本上講，猶太商人所推崇的「誠」是一個實用的「誠」。

毫無疑問，那些身價不凡的猶太商人，他們正以其獨特的成功商法，賺取利潤的絕妙手段，匯聚了巨額的資財，以此震撼與影響著整個商業世界。今天，我們來研究猶太商人精深奇特的經商智慧，近乎偏執與狂熱的猶太經商文化，我們會發現，他們是如何占得先機、獲取利潤的，又是如何在經營之路上建立起了自己商業的霸權的。

猶太商人是商人中的智者，更是商人中的「魔鬼」，他們能從零開始，最終成為億萬級的富翁，其獨特的經營理念是值得我們研究的。

編者

前言

第一章　手中有錢心中無錢

錢不是罪惡，也不是詛咒；錢會祝福人。

擁有很多的財產，憂愁的事可能相對地增加，但完全沒有財產的人，憂愁更多。

——猶太格言

沒有散發「銅臭」的錢幣

金錢在猶太人心目中非常重要，是散發溫暖的「聖經」，是世俗的「上帝」；另一方面，猶太人視錢為一張紙，一件平常的物品。

「手中有錢，心中無錢」是他們對待金錢的態度。

過去，一提起錢，有些人總是愛恨交加。愛的時候稱兄道弟，「孔方兄」掛在嘴邊不停地叫，甚至不惜一日三炷香，乞求財神爺保佑發達。恨的時候則對它咬牙切齒地說「錢啊！一把殺人不見血的刀！」

舊有傳統的文化中存在一些根深蒂固的觀念，比如對金錢的鄙棄。如「銅臭」這樣的詞語就是一個例證。貪婪、無情和虛偽等等，是人們附加於金錢上的態度。

一個社會如果鄙棄金錢這種現象廣泛存在，說明這個社會心態出了問題。在這樣的狀態下，人們只有希望透過鄙棄金錢來建立起自己的道德優勢。這些人縱使對富人嫉妒得牙癢癢，於眾人面前仍然要說「看他那樣，錢肯定不會是正當得來的」。也就是說，當這種人在發展家業上沒有取得優勢的時候，他便試圖建立一個「貧窮也光榮」的道德觀念，並且通常會有意識地把這種觀念和金錢的多寡反向相連。顯然這當中還是有幾千年來「等貴賤、均貧富」的意識作祟。

猶太人對錢的觀念自有見解，他們認為「金錢無姓氏，更無履歷表」。不管如何，只要是透過經營賺來的錢，均拿得心安理得。因此，他們透過千方百計經營事業，盡量賺取更多的錢，不管這些錢是農夫出售產品得來，或是賭徒贏來，還是知識分子靠腦力勞動得來，全都得之無愧泰然處之。猶太人的字典裡，沒有「仇富」二字。

很多年前，年僅 24 歲的猶太人哈同來到國外謀生，當時他除了擁有健康的體魄及敏銳的大腦外，幾乎一無所有。他立志賺錢發財，但一無資本，二無特長和靠山。於是他在一個洋行找到一份看門工作。對於許多血氣方剛的年輕人而言，看門的工作極其難堪。但哈同卻不那麼想，他認為看門賺來的錢是一種報酬，毫無丟臉和失身分之說。在他看來，只要是自己流汗賺來的錢就無愧無羞。

早在 2,000 多年前，猶太人對錢就有一種獨特的迷戀。

猶太民族的起源與歷史遭遇無疑決定著猶太人對錢的態度，在很大程度上反映出一個社會、一個民族或一種文化「資本主義合理性」的水準。

- 猶太人屢遭驅逐或殺戮，每當形勢緊張，他們踏上流浪之路時，錢是最便於他們攜帶的東西，也是保證自己在旅途中生存的最重要手段。
- 金錢是唯一不具異端色彩的東西，是他們和其他宗教教徒打交道的媒介。
- 猶太人為了獲得寄居城市的獨特生存權利，使他們對金錢極度迷戀，並顯示出在金錢方面超強的智慧。同時，金錢也是猶太人相互之間彼此救濟的最直接方式。
- 猶太人的長期經商傳統也使他們不可能鄙視錢。儘管錢在別人那裡只是媒介和手段，但在商人那裡，錢永遠是每次商業活動的最終爭取目標，也是其成敗的最終標準。

綜上所述，金錢對猶太人來說絕不僅止於財富的層面。金錢居於猶太人生死之間，居於生活的中心地位，是他們事業成功的象徵。在其他民族對錢還抱有一種莫名的憎惡甚至恐懼之時，猶太人在這方面已經完成了從單純經濟學意義上向文化、社會意義上的劃時代跨越：錢已經成為一種獨立的標準，一種不以其他標準為基準，相反可以凌駕於其他標準之上的標準。

此外，在猶太人來看，賺錢、賺錢並不是為了滿足直接的需要，而是為了滿足對安全的需求。安全需求決定生存、發展、愛情、理想。而且，金錢的多寡與安全係數成反比。

猶太教從來不認為貧窮是美德，猶太人的先祖先賢都不窮，祖先亞伯拉罕、以撒和雅各都有幸擁有眾多牲口和土地。禁欲主義和自我否定不是猶太人的理想，自己的財務先處理好，才比較容易追求精神生活。

「沒有麵粉，就沒有聖經。」——《米書拿》（*Mishna*）

「貧窮使人違法亂紀。」——哈西迪教派（Hasidic）的俗語

「貧窮比 50 種災殃還慘。」——《塔木德》

金錢是保障

現實生活中，猶太人都承認，錢不是萬能的，但沒有錢卻是萬萬不能的。每個人都需要擁有一定的財產，如房屋、家具、電器和服裝等，這些保證我們基本生活的元素都需要用錢去購買。

如果一個人在銀行有一大筆存款，又有穩定的職業，自然生活有了保障，事業有了前途。在一定程度上，有錢可以呼朋喚友，可以消除寂寞和憂愁。在現實的世界裡，有錢確實可以產生效率或讓他人為你服務。錢雖然不能買到健康，卻可以使你的身體獲得很好的照顧。幸福雖然不是因錢而來，但痛苦往往是因缺錢而至。所謂「一分錢逼死一個好漢」，就是因缺錢而痛苦的寫照。人的一生中，難免會遇到問題需要處理，而醫生、律師之類的人員，都需要付費才能提供服務。猶太人把這些事實歸納成一個特點：金錢確實是美好生活的一種保障。

財富是一種有效秩序

猶太人認為，尊重財富，就是尊重公共選擇的規則。財富可能不是一個最好的規則，但現在還沒有其他比這更好。你錢多，你就得到更好的享受，你可以買自己的車，你可以買好的房子，可以不必在金錢上憂慮。當然，要保證這個規則的合法，有個前提就是財富的來源必須是合法的。

財富這種秩序，好處是明顯的。我們可能會把道德、權力、種族等作為資源配置的原則。比如：那些所謂「成功人士」就可以開好車、住高級房子。但這種分配方式本身就存在著內在矛盾，是不完善的，至少目前是不完善的。因為「成功人士」首先就應該是高尚的，對社會的貢獻應該是巨大的，但如果他占有更多更好的資源，他也就不是「聖人」了。

顯而易見的是，只要人心中還有「自私的基因」，這些分析模式都不是最好的，或者存在內在矛盾，或者導致更大的混亂。也就是說，這種分配方式是很難構成一種穩定的秩序的。

正因為「金錢」具有衡量價值和計量價值的含義，人們自然而然地形成用「金錢」衡量「財富」價值的習慣。但是，正如同「財富」在詞義上包含的範疇大於「金錢」一樣，人們對財富的擁有，就有了不同的認知。

因此，猶太人把財富作為一種有效秩序，希望擁有「財富」，希望透過「財富」為社會提供一種秩序。

金錢提供自由

金錢與自由，是躲避不開的兩個問題。

猶太人認為，擁有更多的金錢，代表著人可以節省很多為謀生而奔波的時間，自己和家人將可以過上一個相對穩定安逸的生活。既然如此，又怎可以割捨自由和金錢的關係呢？

事實上，貧窮往往趨向於以貧為憂的人，透過同樣的法則，錢則被那些刻意準備迎接它的人所吸引。貧窮意識總是攫取沒錢人的心靈。貧窮的發展無須有意識地應用有利於它的習慣；而金錢意識則必須刻意創造才能產生，且必須使其處於發號施令的地位，除非一個人生來便具有金錢意識。

錢就是錢

猶太人熱衷於賺錢，這是由長期的生存環境決定的民族特性。但猶太人對錢卻一直保持著一顆平常之心。

對於錢，猶太人既沒有敬之如神，又沒有惡之如鬼，更沒有既想要錢又羞於碰錢的尷尬心理。錢乾乾淨淨、平平常常，賺錢大大方方、堂堂正正。

以錢為生，這只是猶太人樸素而又自然的生活方式。

一位無神論者來看拉比。

「您好！拉比。」無神論者說。

「您好。」拉比回禮。

無神論者拿出一個金幣給他，拉比二話沒說裝進了口袋裡。

「毫無疑問你想讓我幫你做一些事情，」他說，「也許你的妻子不孕，你想讓我幫她祈禱。」

「不是，拉比，我還沒結婚。」無神論者回答。

於是他又給了拉比一個金幣，拉比也二話沒說又裝進了口袋。

「但是你一定有些事情想問我，」他說，「也許你犯下罪行，希望上帝能原諒你。」

「不是，拉比，我沒有犯過任何罪行。」無神論者回答。

他又一次給拉比一個金幣，拉比二話沒說又一次裝進了口袋。

「也許你的生意不好，希望我為你祈福？」拉比期待地問。

「不是，拉比，我今年是個豐收年。」無神論者回答。

他又給了拉比一個金幣。

「那你到底想讓我做什麼？」拉比迷惑地問。

「什麼都不做，真的什麼都不做，」無神論者回答，「我只是在想拉比，經過正規宗教教育，學過《聖經》和《塔木德》而擔任猶太人社會或猶太教會的精神領袖或宗教導師的人。在猶太人心目中，拉比是代表上帝向世人宣話的使者。看看一個人什麼都不做，光拿錢能撐多長時間！」

「錢就是錢，不是別人。」拉比回答說：「我拿著錢就像拿著一張紙、一塊石頭一樣。」

由於對錢保持一種平常心，甚至把它視為一塊石頭、一張紙，猶太人才不會把它視若鬼神，也不把它分為乾淨或骯髒，在他們心中錢就是錢，一件平常的物品。因此他們孜孜以求地去獲取它，當失去它的時候，也不會痛不欲生。正是這種平常之心，猶太人在驚濤駭浪的商海中馳騁自如，臨亂不慌，更易取得最終的勝利。

賺錢是天經地義的事情

猶太人認為賺錢是天經地義，是最自然不過的事情。如果能賺到的錢不去賺，那簡直就是犯罪，要遭上帝的懲罰。

猶太銀行家賴得利希的兒子問他父親：「什麼叫 Kapital verbrechen」？

老賴得利希說：「如果你的錢不能帶給你至少 10%的利息，那麼你就對資本犯了罪，這就叫 Kapital verbrechen。」

Kapital verbrechen 是由 Kapital 資本和 verbrechen 犯罪兩詞構成，兩詞合起來的意思為重罪。能賺的錢不賺，這樣的行為看作是對上帝犯下的重罪。在這個世界上只有猶太人這個民族會這樣看。

猶太商人賺錢強調以智取勝。

猶太人認為，金錢和智慧兩者中，智慧較金錢重要，因為智慧是能賺到錢的智慧，也就是說，能賺錢方為真智慧。這樣一來，金錢成了智慧的標準，智慧只有化入金錢中，才是活的智慧，錢只有化為智慧之後，才是活的錢；活的錢和活的智慧難分伯仲。

基於這樣的觀念，在猶太人看來，即使是一個知識十分淵博的學者或哲學家，如果賺不到錢，那麼學者的智慧只是死智慧、是假智慧；真正有智慧的人是既有學識又會賺錢的人，所以猶太人很少讚美一個家徒四壁的飽學之士。

有一個這樣的故事：

加利曾為一個貧窮的猶太教區寫信給倫貝格市一位有錢的煤商，請他為了慈善的目的捐送幾車煤來。

商人回信說：「我們不會為你們白送東西。不過，我們可以半價賣給你們 50 車煤。」

該教區表示同意先要 25 車煤。交貨 3 個月後，他們既沒付錢也不再買了。

不久，煤商寄出一封措詞強硬的催款書，沒幾天，他收到了加利曾教區的回信：

「……您的催款書我們無法理解，您答應賣給我們 50 車煤減掉一半，25 車煤正好等於您減去的價錢。這 25 車煤我們要了，那 25 車煤我們不要了。」

煤商憤怒不已，但又無可奈何。他在高呼上當的同時，卻又不得不佩服加利曾教區猶太人的聰明。

在這其中，加利曾教區的猶太人則既沒有耍無賴，又沒搞鬼術。他們僅僅利用這個口頭協議的不確定性，就氣定神閒地坐在家裡等人「送」25車煤。

這就是猶太人的賺錢高招。

猶太人愛錢，但從來不隱瞞自己愛錢的天性。所以人們指責其嗜錢如命、貪婪成性的同時，又深深折服於猶太人在錢面前的坦蕩無邪。只要認為是可行的賺法，猶太人就一定要賺，賺錢天然合理，賺到錢才算是聰明。這就是猶太人經商智慧的高超之處。

猶太人的經商思想比較自由，只要不是違法的，沒有什麼生意不可以做，沒有什麼錢不可能賺，因為在猶太人看來，自己關心的是如何賺錢，而不是錢的性質；如果把錢加以區分，真是無聊透頂。

猶太人認為創辦公司的目的就是為了賺錢，一旦發現公司的存在不能創造利潤時，即使是再捨不得也要忍痛割愛，或拍賣或宣布倒閉。當然，猶太人更喜歡創建公司，不過，儘管他們兢兢業業並在商界中闖出自己公司的品牌，只要能獲取高額利潤，他們也會將它毫不猶豫地賣掉。在這點上，他們是鐵石心腸，從不會感情用事，表現在經營上就是決策果斷。

猶太民族是一個世界性的民族，不管是什麼國家，他們都照樣做生意。1917年，蘇聯剛成立時，許多西方國家將蘇聯視為洪水猛獸，只有猶太人哈默獨闢蹊徑、膽大包天，結果在蘇聯發了大財，這難道不是猶太人的金錢觀和生意觀的集中展現嗎？

猶太民族是一個和上帝締結彩虹之約的民族，因而他們極講究信譽、遵守契約。然而，這種思想並沒有使他們將契約供奉在神龕裡，而是連神聖的契約也要當作商品，從中牟利。

在猶太商人中有一類專門從事倒賣契約的商人叫「販克特」，譯成中文就是「掮客」。他們要麼將別的公司已簽訂好的合約買下來，自己履行，從中獲利；要麼倒賣給第三者，從中賺取佣金。

對於猶太人來說，生活在這個世界上賺錢是最重要的事。然而，儘管他們唯利是圖，卻不贊成不擇手段的拜金主義，所以在猶太商人中拜金主義者極少，他們之中大部分人都遵守賺錢的遊戲規則，正所謂「君子愛財，取之有道」。這些「君子們」內心世界廣闊，知識豐富，反應敏捷，判斷準確。只要是賺錢，他們不會與任何一次機會失之交臂。

同樣，猶太商人在賺錢時，對於所借助的東西，也從不存在一點感情。只要有利可圖，且不違反法律，完全可以拿來用。因此，就是在別人看起來無可借助的條件下，猶太商人也能順順利利地賺到錢。

從某種意義上說，猶太人全方位的賺錢之道很有借鑑價值，它展現了一個優秀商人的經營意識，拋開了許多人為觀念障礙，是贏得財富人生的關鍵所在。

絕對的現金至上

猶太人在日常生活中及商業交往中現金主義表現得特別明顯。在做生意時，猶太人關心的是現金，力求把一切東西都「現金化」。因為在他們看來，在複雜的社會中，沒有人能預知明天是什麼樣，也無法保證明天會有怎樣的變化。人、社會及自然，每天都在變，只有現金是不變的——這是猶太人的信念，也是猶太教的「神意」。

猶太人對錢的觀念還有一點與眾不同的，即他們對現金的看重。猶太商人做生意，是以現金為標準的，不願意賒帳。他們在對交易夥伴的信譽評估時，首先考慮的是他的公司值多少錢，他的財產可換成多少現金。然後在此基礎上與其做生意或確定價格條款。他們認為，世事多變，風雨無常，一旦發生天災人禍，除了現金鈔票外，別無他物可以讓人立即東山再起。猶太人注重現金主義，可能與他們長期遭受迫害排擠有關。他們在許多國家都多次遭受排擠，每次排猶活動都遭到財產沒收，能逃生者都是因為有現金在手。這種歷史教訓使他們形成了現金的觀念。

猶太人之所以奉行徹底的現金主義，一方面是因為他們在大流散中可以隨身攜帶現金，另一方面是因為他們對任何人都不放心，一旦將商品賒出去，拿不回錢該怎麼辦？如果馬上要逃跑，豈不要白白損失？所以，唯有現金是安全、可靠和永恆的。

有一家小餐館的牆壁上貼著一首歌謠：「我喜歡你，你要借錢，我不能不借，但借了你便不再上門。」說白了，「現金交易，恕不賒欠。」然而其言語卻很婉轉。其實，這小餐館的一杯酒才幾塊錢，卻為何絞盡腦汁，編出這樣的歌謠，來拒絕顧客的賒欠呢？答案很明顯，如果小餐館允許顧客賒欠，其中的利息勢必自己承擔，換言之，自己所得到利潤必然被這部分利息所侵蝕。再者，小本經營的生意，如果賒欠太多，必將影響餐館的資金周轉，甚至使經營陷入困境。

有一位猶太人，臨終之際，把所有的親戚朋友都叫到床前，對他們囑託後事，說道：「請將我的財產全部換成現金，用這些錢去買一條最高檔的毛毯和一張床，然後把餘下的錢放在我的枕頭底下。等我死了，再把這些錢放進我的墳墓，我要帶著這些錢到那個世界去。」

親友們按照他的安排，買來了毛毯和床。這位富翁躺在豪華的床上，蓋著柔和的毛毯，摸著枕邊的現金，安詳地閉上了眼睛。

遵照富翁的遺囑，死者留下的那一筆現金和他的遺體一起被放進了棺材。

這時，死者的一位朋友前來向他的遺體告別。當他聽說死者的財產都換成了現金並已隨死者的遺體一塊被放入棺材時，立即從衣袋裡掏出了支票和筆，飛快地簽上金額，撕下支票，放入棺材。同時，又從棺材中取出現金，並輕輕地拍著死者的腦門，說道：

「老朋友，金額與現金相同，你會滿意的。」

這則笑話說明了猶太人對現金的偏愛，正如流行的一則俗語所言：「賒三不如現二。」猶太人這種對錢的態度，對我們的現實生活大有參考價值。

正因為如此，猶太人對銀行存款不感興趣。銀行存款雖然有利息，但利息是微乎其微的，而且利息的成長幅度還不如物價上漲速度快。現金雖然沒有利息，但因為沒有銀行存款之類的證據，也不需要繳納財產繼承稅。所以，現金雖不增加，也不減少。對於猶太人來說，不減少就是不虧本的最起碼條件。再說，銀行也有倒閉的危險。

也許有人認為，只要有存款，便能獲得利息收入。而現金是不生息的，手持現款是多少，經過若干年後，仍舊是原來的價值，並不增多。這樣看來，銀行存款比手持現款更有吸引力，那為什麼猶太人這麼「傻」，寧可守著一大堆現款，而不願把它放在銀行，讓它「繁殖」呢？

實際上，猶太人並不傻，而是太精明了。天生有數學頭腦的猶太人，早已算好這筆令人驚訝的帳了。他們算完這筆帳後，就有充分的理由：銀行存款，的確可以獲得一些利息，但是物價在存款生息期間不斷上漲，貨幣價值隨之下降，尤其是存款本人死亡時，尚須向國家繳納遺產繼承稅。這是事實，幾乎世界各國都如此。所以，無論多麼巨大的財產，存放在銀行，相傳三代，將會變零，這就是稅法上的原則。

現款確實不增值，但物價上漲對其影響不大，而且最關鍵的是手持現款，避免了在銀行的存款登記，在財產繼承時，不需要向國家繳納遺產繼承稅。所以，手持現款時，財產雖不增多，但重要的是也不減少。

銀行存款和現金相比之下，當然是現金最可靠，既不獲利也不虧損。小心謹慎的猶太人當然在二者擇一的條件下選擇後者。因為對猶太人來說，「不減少」正是「不虧損」的最起碼的基本做法。想借助銀行存款求得利息，是不太可能獲得利潤的。

猶太人不會把現款存入銀行，人們不禁會問：「家財萬貫的猶太人到底怎樣保護現款，他們難道不擔心它們的安全嗎？」每天都把現款攜帶在身，當然是不可能，也是不安全的。他們已經為現款找到安全之處——銀行。他們不是存款於銀行，而是把現款放在銀行的保險櫃裡。

基於此，猶太商人的口頭語常是：

「那個人今天究竟帶了多少現金？」

「今天那個公司，換成現金，究竟值多少？」

在今天，國際商人更多地利用支票、帳戶而非用現金來做生意，猶太人也已走出自己的民族傳統。但是他們仍然認為「存款求利划不來」。

不過，這已獲得了新的含義，它就是盡量不要存錢，而要讓錢一直處於流動狀態，錢生錢，錢賺錢，像滾雪球一樣越滾越大，這才算充分地利用了錢。

金錢不如時間昂貴

在世人眼裡，時間就是金錢；在猶太商人那裡，時間遠比金錢昂貴。猶太人認為占有別人的時間就等於是偷竊別人金櫃中的錢財，因此應該拒絕一切不速之客。

猶太商人對於時間的敏感要比其他商人強得多，因為他們對時間有最深刻的認知，雖然猶太人崇拜金錢，但金錢失去了，還可以找回來，而時間一去就不復返了。時間遠比金錢昂貴，這是由時間的一維性與不可重複性決定的。

在生意往來中，猶太商人總在思考如何利用、安排和駕馭時間，如何在有限的時間裡，創造最高、最豐厚的利潤。上帝給每個人的時間都是均等的，有人在有限的時間裡創造了無限的生命價值，有人善待人生，有人失去了人生價值的平衡。在神與猶太人的契約中曾說：「人如不去享受神賦予的快樂，將是一種罪惡；但如果過度享樂，也是一種罪惡。真正懂得珍惜時間的人，就知道珍惜生命，善待人生，享受生活」。

猶太商人一向將時間看作是商品，「勿浪費時間」是猶太生意經中的格言之一。在每天 8 小時的工作中，他們是以每分鐘多少錢來計算收益的，浪費時間就等於浪費他們的商品，也等於是浪費他們的資源和金錢。因而，猶太老闆在為員工支付薪水時，是依小時計算的。要拜訪猶太商人之前，一定要預約時間，而他們在會談時十分守時，也絕不會拖延時間。猶太商人最討厭不速之客，如果是談生意，極有可能失敗。

在傑出的猶太商人辦公桌上，你永遠不會發現有未決策的文件，他們總是利用好時間批閱文件，積壓文件意味著無法了解到最快的商業情報及社會變化，這些文件又多是有關商品交易的資訊、合作夥伴的意向書或是部門主管的批示等，不僅蘊藏賺錢的機會，也包含著關鍵決策，是公司工作效率的表現。如果拖延處理，就可能錯過時機，影響決策，甚至失去了賺錢的最佳機會。猶太商人深知其間的利害關係，他們總會以最快的速度，在最短的時間內批閱文件。為了避免不必要的延誤，猶太老闆常在上班時，專門挪出一個小時的時間來處理文件，他們稱這段時間為 dictate，意即專門處理文件的時間，用於處理昨天下班和今天上班這段時間內接收到的商業函件。這段時間是不容許有外人打擾的，以免影響文件處理的品質和效率。如果這段時間有客人來訪，均會被拒絕，他們會很有禮貌地請你過了這段時間再來。

時間是猶太商人進行交易不可缺少的條件之一，與對方訂立合約，需要充分估算自己的交貨能力，是否能按對方所要求的品質標準、數量和交貨日期履行合約。如果在做出估算後，能夠完成，就訂立合約；如果不能，就應重新思考，因為訂立了合約，就必須認真履行。在當代激烈的市場競爭中，爭取時間也意味著能獲取好的價位，搶先占領市場。在新產品問世後，誰能在最快的時間裡，將優質新款的產品上市，誰就能贏得最好的經濟利潤。如剛上市的電子產品，開始時每款售價可達數十美元或上百美元，等到競爭者都推出這同一類的產品時，價格已大打折扣，無利可圖了。而且許多產品的銷售存在著很大的時間和季節差異，如果掌握好了這種時間差，就能賺到巨額的利潤。

不僅如此，時間的金錢價值還呈現在整個交易過程中，企業盈利的多寡，始終是與企業資金周轉的快慢相關聯的。在企業核算中，如某個企業一年的營業額達 10 億美元，而它的資金使用率為一年兩次，假定該企業每次周轉產生的利潤達 6,000 萬美元，若是企業能充分利用好時間，善於經營，將資金使用率達到每年四次，那麼同樣的資金每年利潤可達 2.4 億美元，這樣企業可多盈利 1.2 億美元。它顯示時間將創造出價值，利潤來源於對時間的有效利用。

猶太商人看重時間，遠超過了其他民族的商人。尤其當時間直接顯現出金錢或時間直接創造出財富時，猶太商人將其價值看得比什麼都重要。

我們前面提到的年輕猶太人哈同，從看門一步一步地走向自主創業，最終建立了哈同洋行。哈同洋行出租房屋和地皮時，租戶不僅要提前繳納租金，還需要繳納一筆押金。如華新公司向哈同租賃店鋪一間，在訂立合約之日先交第一個月的租金 900 兩銀元和 6,500 兩銀元的押金，方能承租。而實際租期是從半年後開始算起的，這樣洋行提前了 6 個月獲得 7,400 兩銀元，還可用來再投資。在訂立契約時，猶太商人會希望很早就能收取租金或貨款，在支付別人貨款時，又設法盡力地延長付款的最後日期。

另一位善於利用時間差謀求利潤的猶太富商巴納特，對於時間的利用有特別的見解。他是一名鑽石商，每週六他都能最大限度地獲利，因為週六這一天，銀行中午就關門了，巴納特計算著時間差，拿著支票去購買鑽石，設法在週一銀行營業前將鑽石賣出，再用所售的款項來支付所欠的貨款，這樣他就可以調度多出的資金，只要能夠在星期一一大早存入足夠的款項到支票的戶頭，就不怕跳票。巴納特對時間利用的獨特方法，可以說是相當精明。

身體是賺錢的本錢

珍惜時間的猶太商人，並不會認為休息是浪費時間。

在 2,000 多年的大流散和數次的大屠殺中，猶太人仍倔強地屹立在歷史的長河中，這與猶太人重視健康大有關係。

猶太人精於計算，他們知道少休息少活幾年和多休息多活幾年的利弊，因此，他們對自己的健康特別重視，認為健康是賺錢的本錢。健康體魄來自於正確的健康觀念。

注重於吃是猶太人的一大特點。他們認為吃好了，身體自然會強壯。其次，猶太人特別愛乾淨，每天必洗一次澡。另外，猶太人不肯做違背自然的事，而且特別樂觀向上。順應自然，身心必定健康；壓抑個性，整日滿腹牢騷，很容易生病。

猶太人對於身體健康的注重是從嬰兒開始的。按猶太人的觀點，「嬰兒必須用母乳餵養，唯有母乳順應自然之理，以其他任何營養品取代都是錯誤的，母親不應該介意影響自己乳房的美。」一旦某猶太婦女放棄母乳餵養，她就會受到身邊的猶太社會的孤立和嘲笑。

同時猶太人更注重休息，因為他們認為休息好是健康的最重要的保障。猶太人在安息日 24 小時的禁酒禁菸禁欲，並且 24 小時禁絕一切雜念，只向神祈禱或與家人一起享受天倫之樂。

所有這些，對於修身養性、恢復精力大有裨益。

猶太人是商人，商人的特點是工作無定時，視時間如生命、如金錢。但是，休息就要浪費時間，浪費時間就等於少賺錢。當兩者矛盾時，猶太商人會毫不猶豫地放棄工作，選擇休息。

有人曾不理解地向猶太商人提問：「你們工作 1 小時可賺 80 美元，如果每天多休息 1 小時，每月就少賺 2,400 美元，每年就少賺近 3 萬美元，這值得嗎？」

猶太商人以極快的速度回答他：「假如一天工作 16 小時，我每天可多賺 640 美元，那我的壽命將減少 5 年，按每年收入 20 萬計算，5 年我將少收入 100 萬美元。倘若每天多休息 1 小時，我的損失僅是 80 美元，那我將得到5年的每天7小時。現在我是60歲，倘若我按時休息可再活10年，那我的損失只是28萬，28萬和我多收入的100萬美元比，孰多孰少？」

猶太商人就是這樣認知到健康與賺錢的關係，這其中不乏真知灼見。

讓孩子們懂得錢的價值

《塔木德》中說：如果世界上的所有的苦難都集中到了天平的一端，而貧窮集中到了天平的另一端，那麼，貧窮將比所有苦難和痛苦都沉重。

作為一個真正的猶太人，除了自己理解並懂得金錢的價值之外，最為重要的義務就是把這些知識灌輸給孩子們，讓他們認知到金錢對人生的重要性。

- **什麼時候向孩子解釋錢的價值與用途？**——孩子在三歲的時候，父母就可以向孩子解釋金錢的用處了。解釋你為什麼和怎樣購買商店裡的各種商品。向孩子說明金錢是必要的。金錢來自於勞動。錢不是透過魔法從自動取款機中變出來的。
- **孩子為你做了一件事情，你需要向孩子支付報酬嗎？**——在給孩子分配勞動之時，要讓孩子明白所有的人為家庭做事，都是在為家庭的繁榮做貢獻。父母不應該為孩子所做的每件事支付報酬。在為孩子安排工作之時，最好是把一些工作定為沒有報酬。同時讓孩子明白有些事情是家庭的一部分，是可以賺錢的，當你的孩子為了某項特別的活動需要錢時，讓他們透過一些特別的工作賺錢。

  隨著孩子的一天天長大，零用錢也開始增加，父母要求孩子把他們自己的錢用在某些事情上。這筆錢可以用於看電影、購買書籍，或是用於其他的娛樂活動。有位母親說他的兒子想要一顆售價為80美元的球，她為他支付了 40 美元，其餘的錢他得自己去賺。他到鄰居家去打工，大約過了兩個星期他就賺齊了這筆錢。他為自己感到自豪，這顆球也成了他的寶貝。他之所以精心愛護他的球，是因為他對球擁有相當大的主權。

- **需不需要向孩子說明儲蓄？**—— 在猶太人家庭中，90%以上的孩子在不到 10 歲就理解了儲蓄的意義。父母要知道孩子都是即興消費者，父母要鼓勵孩子把他們收入的一部分儲存起來，父母也要做同樣的事情，為孩子樹立一個榜樣。
- **怎樣向孩子解釋支票？**—— 孩子在 15 歲左右時，就可以擁有一個限額的支票帳戶和限額的信用卡了。父母在控制著孩子的金錢開支的時候，就可以教他們使用這些工具。
- **怎樣教他們自己賺錢？**—— 對於孩子們來說，讓他們懂得得到金錢的最好方法是在他們到了打工的合法年齡之時，讓他們透過自己的工作賺錢。父母可以幫助孩子找一份安全、時間合理、勞動強度不大、同事友善的事情做。讓孩子明白擁有自己的收入是建立他們自尊的巨大基石。
- **需不需要設立財政目標？**—— 討論支付孩子們上大學的費用與各種計畫；討論孩子們大學中的獎學金和資助專案；讓孩子學會計算學費和生活費。
- **父母要不要過度強調金錢？**—— 孩子們需要了解金錢及金錢的價值，他們需要懂得怎樣去賺錢和花錢。但是不要讓孩子對金錢頂禮膜拜。給孩子支配部分金錢的權力。
- **怎樣給孩子進行商品消費和售後服務方面的教育？**—— 帶孩子逛商店時，讓孩子們比較各種商品的不同價格，說明你為什麼會選擇這些商品，透過一些圖書和讓孩子們閱讀報紙讓他們明白各種廣告，並讓他們明白什麼叫通貨膨脹。教孩子在購物時貨比三家，這也是一個省錢的辦法。

- **怎樣教孩子做家庭預算？**——父母向孩子解釋一筆不多的錢怎樣被分派到食物、穿著、公用事業、物業管理、汽車開支等方面。包括家中年齡較大的孩子的財政計畫，讓孩子寫下每個月各種家庭開銷及他們自己的各種開銷。

《塔木德》中說：允許向非猶太人放高利貸只是作為一種謀生手段，使猶太人在沒有別的謀生手段時賺得足以維持生活的錢。

讓孩子懂得用勞動賺錢，是每個猶太人家庭必須盡到的責任。在猶太人家庭中，如果一個孩子不做完他責任中的雜務，父母就不會給他零用錢，或者是乾脆拿走他的零用錢作為懲罰。因為猶太家庭認為孩子們從小應該懂得勞動和工作的價值。當孩子們學習做各種家務的時候，他們是在學習獨立生活的各種基本技能。

在家庭勞動中不要給孩子太多的工作或是責任，因為這有可能會引起孩子的不平與怨忿。父母教孩子完成工作比自己親自完成工作要費更多的時間。對於孩子們的努力和完成得非常出色的工作，父母要給予充分的肯定。

讓孩子明白家務事和日常的例行事務是生活的一部分。當你完成一項艱巨的工作之時，會得到一種快樂。在家庭雜務之中，父母要先把各種小的責任分派給年紀小的孩子們，然後，根據孩子的年齡，再派給他們一些難度相當的工作。

隨著孩子們年齡的增大，他們希望得到更多的特權。

在家庭中自從有了為零用錢而勞動這個規定，就出現了把賺到零用錢的各種方法製作成圖表在家庭中作為記錄的方式。這種做法對於任何孩子都有很好的效果，特別是對於十幾歲的孩子效果更為明顯。

父母可以為家中的孩子列一個家庭雜務和日常例行事務的清單，每件工作價值一定數額的金錢，完成這項工作的孩子得到一定數額的零用錢。把各種工作公平地分給家中所有的孩子。有了這個圖表之後，你就會發現你的孩子個個都很能幹，至少比你想像的要能幹。許多家庭雜務都是孩子們能完成的。勞動讓孩子明白：只要勞動，每個人都會有收穫。

猶太母親拉曼塔說：「家庭勞動改變了孩子們的生活，孩子們不再為家庭雜務而爭辯不休，他們意識到，如果不按照父母所交代的任務而工作，就得不到零用錢。如果一個家庭中只有一個孩子，你可以找別人家的孩子來做這件事，把這份錢讓別人家的孩子賺走，也是一件很不錯的事情。」

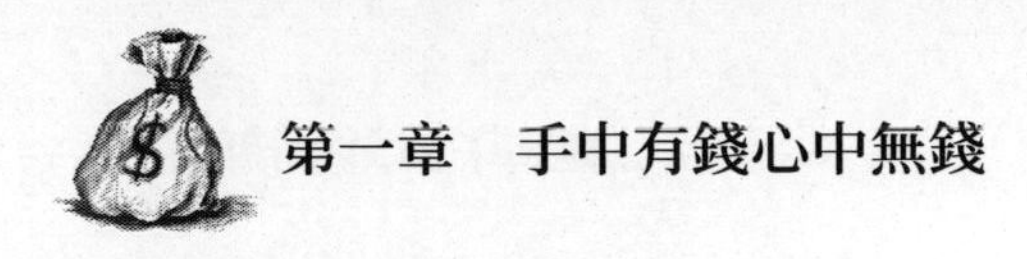

第二章　看準商機抓住財富

記住，有錢的地方就有猶太人。

——孟德斯鳩《波斯人信札》（*Lettres persanes*）

瞄準女人做生意

猶太人認為，如果說男人是世界的中心，那麼女人則是男人的中心。誰圍繞中心的中心做生意，誰肯定會有大利可圖。

有一種觀察男女是否結婚的方法：當人們在餐館吃飯時，細心的你就會發現，有時候是男的付錢，有時候則是女的買單。若是男方付錢，說明這對男女尚處於朋友階段；若是女方買單，說明這對男女已經結婚成家。

男人一旦娶妻，妻子便成了男人的資金保險箱。俗話說：男人生在世上是為了大把大把地賺錢；女人活著則是為了大把大把地花錢。實際上就是說：女人掌握世界上花錢的權利。那麼，女人無疑也成了生意的目標。

因此，猶太生意經裡就著重強調經商有兩個大目標：女人和嘴巴。這是猶太人 4,000 年來生意經裡不可變更的公理。

女人是市場消費者的主體，這句話不用印證也會得到大多數人的認同。你只要在商場裡駐足一個小時便會發現，在鏡子面前試來試去不厭其煩的都是女人。女人喜歡逛街和買東西是她們的天性。

女人享樂的同時，既喜歡把自己保養得青春煥發，又喜歡把自己打扮得漂漂亮亮。女人這樣做其實不光是為了自己，更重要的是給別人看的，滿足虛榮的同時，女人知道這樣才能迷住男人。

女人很會算帳，知道用男人賺來的錢打扮收拾自己既美觀又經濟實惠。

於是，針對女人的高級消費品就應運而生 —— 五光十色的珠寶、項鍊、戒指、別針、手錶成為使女人高貴的搶手裝飾品，高級化妝品、高級禮服、高級休閒服、甚至高級轎車，都為女人而生產。這些永遠不會飽和的產品為目光遠大的生意人賺取了巨額利潤。

男人也是的，任何時候都精打細算，唯獨給女人花錢時卻表現得非常大方。只要是女人喜歡的東西，價錢問也不問，鈔票就大把大把地扔出去了。

男人是這個世界的中心，女人又是男人的中心，誰圍繞中心的中心做文章，誰肯定會有利可圖。

原本以為女人喜歡去逛街，看到喜歡的東西必買無疑，而上網購物的形式只有懶得逛街的男人才熱衷。誰知道看到美國的一項調查資料顯示：只要是購物，無論在哪裡，都絕對是女人占上風。在 2001 年新年假期中，美國上網的人群中，女性人數第一次超過了男性人數；另外，各類上網購物者在網路的消費金額也超過了去年。多年來，男性上網購物者的人數一直高於女性。但據美國一個專門研究網路對社會各階層影響的機構的統計，在 2001 年新年假期，上網購物的女性人數首次超過了男性，所占比例達到 58%。調查還顯示，女性對上網購物的評價高於男性：有 37%的女性稱她們非常喜歡上網購物；男性方面，這一比例僅為 17%。有 29%的男性稱，他們一點也不喜歡上網購物；但女性方面，這一比例僅為 15%。如果你是商家，這段資料肯定讓你眉開眼笑了，盯住女人，在哪裡她們都有把錢扔進你的口袋的可能。

「瞄準女人」，這是猶太人經商的格言。在那些富麗堂皇的高級商場裡，那些昂貴的鑽石、豪華的禮服、項鍊、戒指、香水、手提包……無一不是等待著女性顧客的。普通百貨公司甚至超級市場所展賣的各種商品，也是以女性產品占絕對統治地位，而且只有女人才關心品牌和新款，商場裡的新東西總先打動女人的心。

現代女人的經濟獨立了，更造就了猶太商人賺女人錢的契機。且不說日常用品，就是好多男式商品的設計包裝也著重取悅女人的審美眼光，因為女人經常代替男士購買或者在購買過程中起決策作用。聰明的猶太商人就是瞄準了這一點，在賺錢上從不輕視女人的作用，贏得巨利。

讓我們來看看久負盛名的美國「梅西」公司的發跡史吧：

「梅西」公司是猶太人伊西多·史特勞斯（Isidor Straus）親手創辦起來的。史特勞斯從當童工開始，後來當了小商店的店員。他在打工生涯中注意到，顧客中多為女性，即使有男士陪著女性來購物，掌握決定購買權的也往往都是女性。

史特勞斯根據自己的觀察和分析，認為做生意盯著女性市場前景更光明。當他累積了一點資本而自己經營小商店「梅西」時，就是以經營女性時裝、手提包、化妝品開始的。經過經營幾年後，果然生意興旺，利潤甚豐。他繼續沿著這個方向，加大力度，擴大規模，使公司的營業額迅速成長。史特勞斯總結了自己的經營經驗，接著發展鑽石、金銀首飾等名貴產品經營。他在紐約的「梅西」百貨公司，總共 6 層展銷店面，展賣時裝的（絕大部分是女性的）占兩層，展賣鑽石、金銀首飾的占一層，展賣化妝品的占一層，其他兩層是展賣綜合商品的。可見，女性商品在「梅西」公司占了絕對多數。史特勞斯經過 30 多年的經營，把一間小商店經營成為世界一流的大公司，顯然與其選擇的女性目標市場有著很大關係。

和史特勞斯一樣，同為猶太人的美國商人基延也是把目標對準了女人。基延在繁華的紐約 54 街開了一家百貨商店，應該說這裡的位置是比較好的，每天來往的人也很多，可是基延的生意卻不好做，開業兩三年，生意冷冷清清，這讓基延大惑不解。善於動腦筋的他決定到那些生意好的地方去考察。

透過很長時間的觀察，基延得出這樣的結論：平時光顧百貨公司的人女性要占 80%，即使有男人來商店，也大多是陪妻子購物，很少單獨買東西。在這些顧客中，白天來的大多數是家庭主婦女，晚上5點半以後的是下班後的小姐們。

認知到這一點後，基延決定將自己的百貨商店的營業對象限定在女性身上。

為了盡可能的吸引女性，他將自己的營業面積全部用上，分別針對家庭主婦和上班的小姐，把正常的營業時間一分為二，白天他擺設家庭主婦感興趣的衣物、內褲、實用衣著、手工藝品、廚房用品等實用類商品。晚上則改變成一家時髦用品商店，將朝氣蓬勃的氣息帶到商店，以便迎合那些年輕的女性。光是襪子就陳列了許多種，內衣、迷你裙、迷你用品、香水等，陳列的都是年輕人喜歡的樣式和花樣。但基延不久遇到了這樣的問題：他的營業面積太小，如果完全模仿大的百貨公司，做到各種花色品種都有的話，恐怕是不可能的。基延面臨了一次選擇，要麼是維持現狀，要麼向專業化方向發展，只經營一類商品。他經過思考，決定將其他商品換下來，只經營襪子和內衣。

開始的時候，常來的顧客對這種經營方式不理解，但基延相信自己的選擇是對的，不久這間專門經營襪子和內衣的商店的名聲就傳開了。許多購買襪子和內衣的女性都不約而同地到基延的商店來。別的商店要賣2.5元一雙的襪子，基延盡量廉價進貨，然後用每雙2元的價格賣出，同時將襪子的種類大量增加。基延的專業經營法果然大獲全勝，2個月後，襪子的銷售額增加了5倍，顧客也雲集而至。

襪子的銷路的成功，使基延信心十足地如法炮製內衣的主意，他進口了法國最流行的樣式，進行精彩的宣傳。本來當時對內衣樣式沒有什麼選擇，一旦出現新款式，馬上就會形成潮流。時間不長，基延商店有世界上最流行的內衣的消息席捲全國，許多女性聞訊趕來先購為快。其實這種內衣和其他內衣相比，只不過增加了性感美，因為美國女人在家裡穿得比較暴露，這種內衣適應了她對丈夫或男朋友的吸引和需求，所以銷路因之而一時大開。

別人的「嘴巴」裡有賺錢的機會

人只要活著，嘴巴就會不停地消費，絕不停止消費的理由。因此無論是節日或假日，嘴巴也永不休息，命令主人把錢乖乖地送進商人的口袋裡。

除了女人外，猶太商人還非常注重將賺錢繞在「嘴巴」上。無獨有偶，俗話說：「民以食為天」，正好與猶太人的經商觀形成互證。自古以來，人們參加各種生產勞動的首要目的無非是先解決溫飽問題。沒有溫飽，什麼信仰理念全是空話。

人要填飽肚子就得不斷地吃，不斷地消費，不斷地購買食品。因此可以說，肚子是消耗的無底洞。地球上當今有 80 億人口，其市場潛力非常的大。為此，猶太商人設法經營凡是能夠進入肚子的商品，如開設食品店、魚店、肉店、水果店、蔬菜店、餐廳、咖啡館、酒吧等等，不勝枚舉。

一個無法逆變的生理規律告訴我們，凡是進入肚子的東西必然要消化和排泄，不論是為飽餐一頓而大魚大肉，還是為解口渴而杯飲瓶喝，進人人的肚子幾小時後，都會化作廢物排泄掉。如此不斷地循環消耗，新的需求會不斷產生，做食品生意的商人可從經營中不斷賺到錢。

日本大阪有個美國猶太商人，一天他忽發奇想，他負責經營的美國麥當勞速食店，為了迎合亞洲人的口味，他準備向日本人提供價廉物美的肉餡麵包。

在籌備開業時，日本的商人都笑話他，認為在習慣於吃米的日本推銷肉餡麵包，無疑是自找死路，絕不可能有市場。但猶太商人不這麼認為，他看到，日本人體質弱，身材矮小，這可能和吃米有關；同時他又看到，美國的肉餡麵包店的效應正向全世界發展。基於這兩點，該猶太商人認為，同樣是「嘴巴」的商品，在美國能暢銷，在日本為什麼不能？再說，按照猶太人的觀點，「嘴巴」生意絕對賺錢。為什麼？道理很簡單：進入肚子裡的東西，必被消化而排泄，一個 2 元的麵包，或者一盤 10 元的牛排，經過數小時後就被消化了。換句話說，人總是需要不斷地吸收能量，消耗能量，因此作為有一定能量、人人需要吃的商品，總是不斷地被消費。在吃完麵包和牛排幾小時後，人體內吸收的能量被消耗掉，又需要其他的能量商品來補充。賣出的商品，通常當天就被消化變成廢物。如此迅速循環消費的商品，除了「嘴巴」，還有什麼呢？

憑著這種信念，該猶太商人的肉餡麵包店如期開業。不出所料，開業第一天，顧客爆滿，利潤還大大超過原來想像的程度，此後利潤日日升高，以至於一連用壞了幾臺世界最先進的麵包機器，還是滿足不了顧客的消費要求。結果，該猶太商人利用肉餡麵包，即利用「嘴巴」生意成了大富翁。

78：22 經商法則

從一個窮人變成大亨，多少人做著這樣的夢，然而有不少猶太人成功了。他們憑的是什麼呢？答案之一是 —— 78：22 經商法則和絕妙的生意經。

猶太人的生意經是世界上最棒、最通用的，其點子更是世界上最值錢、聰慧且實用的，總是能點石成金。幾千年來，猶太商人遍布世界各地，最擅長於投資管理，精通股市行情，敏於商業談判，並擅長進行公關和廣告宣傳活動，他們總結出了一套科學合理的生意經以及「巧取豪奪」的賺錢理論。其中，最常被人使用的當是 78：22 之經商法則，它構成了猶太人生意經的根本。猶太商人最精於運用這一法則，並將世界的財富和智慧裝進了自己的口袋。

78：22 法則是大自然中一條客觀存在的大法則，這規定著宇宙中某些恆定的成分。如自然界裡氮與氧的比例大約是 78:22，人體中水分與其他物質成分的比例差不多也是 78：22；正方形中內切圓的面積與其餘部分面積的比例基本上還是 78：22。猶太人的經商法則就是建立在這樣自然法則的基礎之上，並成為猶太人千百年來經商經驗的經典。

在實際生活中，這一法則到處可見。如果有人提出，「世界上放款的人多還是借款的人多？」多數人會認為借款的人多。然而猶太商人的答案卻正好相反，他們認為「放款人占絕對多數」。比如說銀行，它從許多人手裡把錢借走，然後貸給一部分人，從中獲取利潤。如果是借錢的人太多了，支大於收，銀行只好宣告破產。因此認為放款人與借款人的比例也是 78：22，銀行正是利用了這個比例法則來賺錢的。

猶太人還發現了老百姓和富翁的比例也是 78：22，很自然地有錢人是少數。他們的財產分配比例也遵循這一法則，富翁和老百姓的財產比是 78：22，自然老百姓控制的錢是少數。猶太商人在認知到這一法則後，大多選擇金融業以及鑽石方面的生意經商，並無數次地運用 78：22 法則，順利成為世界級的商業大亨。

1969 年 12 月，有位外國鑽石商訪問東京一間百貨公司，請求該公司為他提供一個銷售鑽石的專櫃。「先生，這樣的買賣在年關季節是不能做的，儘管你認為買主都是些有錢人，但他們也不會拿錢去購買鑽石的。」

最後這位猶太裔鑽石商還是很有耐心地說服了一個位於市郊的分店為他提供一個專櫃。他翻天覆地考察了該分店的環境，雖然地處偏僻，顧客少，但他還是認為買賣是可行的。於是他讓紐約的鑽石商將貨品發到了東京，並迅速展開「年關大折扣」的促銷活動。銷售的第一天，營業額就達到300 萬日元，這位猶太裔鑽石商便在近郊和四周地區分別同時展開大促銷，結果平均每處的營業額超過了 5,000 萬日元。

東京總公司眼看鑽石商成功了，就答應在百貨公司的總店提供一個櫃檯給他，但因擔心在近郊已設了點，所以預估日營業額不會超過 1,000 萬日元。鑽石商不以為然，他聲稱「在總公司的月營業額必達到 3 億日元」，結果第一個月的營業額就達到 1.2 億日元，兩個月後，竟突破 3 億日元大關。這就是一則精明猶太商人成功運用「78：22」經商法則，從事鑽石生意的典型案例。

鑽石是一種高級奢侈品，在一定程度上它是高收入人士的專用消費品，普通收入的人是很難買得起的。從一個國家擁有巨額財富的統計比例來看，高所得的人比普通收入的人遠少得多，因此大多數的商人會認為，消費者少，利潤絕對不會太高。可是猶太商人卻發現，高所得的人雖為少數，但他們持有的錢財卻占據了大多數。依據「78：22」法則，普通收入的人與高收入的人比例為 78：22，但從財富分配看，高所得的人與普通所得的人財富比例也是 78:22。那麼，猶太人要賺的錢是「78：22」中「78」的錢。這樣也就不難發現藤田先生賺錢的祕密了。鑽石在東京成為少數有錢富商的消費品，這些富人卻占據著「78」的錢，在實際的鑽石買賣中，「78：22」法則很快得到了驗證，尤其是在地處東京的繁華地段，全國名流大亨皆聚集於此。

要做一個成功的商人，就必須懂得自然的法則，樹立良好的信譽。

「78：22」這看似只是簡單的阿拉伯數字，卻反映了一定的運行規律。根據猶太商人的經驗，買賣人注重這一數字是理所當然的，這不僅對於經商非常重要，同樣在生活中也是很有益的。他們總會用確切的數字來反應具體的生活。比如一般人常說「今天很冷」，猶太人卻說「今天是攝氏 12 度」。猶太人幾乎讓數字滲透於他們的生活中，並企求從這些數字中發現他們的經商法則，使他們賺錢的可能性更高。

猶太商人把數字運用於經商。

重視資訊才能更好地捕捉住機會

對於一個長時期缺乏保障的猶太人來說，有時一個資訊就可能決定自己的生死存亡。在這種與命運交戰的漫長生涯中，猶太人培養出了對資訊的高度敏感性。

資訊來自的管道是多方面的，很少一部分來自獨家情報；更多的資訊是來自大眾的，但這需要進行專門的收納、整理、分析，並且需要超常的破解思維。下面這個猶太大商人就是依靠對別人「不起作用」的資訊而出奇制勝的。

美國著名的猶太實業家，同時又被譽為政治家和哲人的伯納德·巴魯克（Bernard Baruch）於 30 歲之前已經由經營實業而成為百萬富翁。他在 1916 年時被威爾遜（Thomas Woodrow Wilson）任命為「國防委員會」顧問，還有「原材料、礦物和金屬管理委員會」主席，以後又擔任「軍火工業委員會主席」。1946 年，巴魯克擔任了美國駐聯合國原子能委員會的代表，並提出過一個著名的「巴魯克計畫」，即建立一個國際權威機構，以控制原子能的使用和檢查所有的原子能設施。無論生前死後，巴魯克都受到普遍的尊重。

創業伊始，巴魯克也是頗為不易的。但就是猶太人所具有的那種對資訊的敏感，使他一夜之間發了大財。

西元 1898 年的 7 月 3 日晚，28 歲的巴魯克正和父母一起待在家裡。忽然，廣播裡傳來消息，西班牙艦隊在聖地牙哥被美國海軍消滅。這意味著美西戰爭即將結束。

這天正好是星期天，第二天是星期一。按照常例，美國的證券交易所在星期一都是關門的，但倫敦的交易所則照常營業。巴魯克立刻意識到，如果他能在黎明前趕到自己的辦公室，那麼就能發一筆大財。

在這個小汽車尚未問世的年代，火車在夜間又停止運行。在這種似乎束手無策的情況下，巴魯克卻想出了一個絕妙的主意：他趕到火車站，租了一列專車。巴魯克終於在黎明前趕到了自己的辦公室，在其他投資者尚未「醒」來之前，做成了幾筆大交易，他成功了。

巴魯克在獲得資訊的時間上，並不占先機，但在如何從這一新聞中解析出對自己有用的資訊，據此做出決策，並採取相對的行動上，巴魯克確確實實地占據了先機。巴魯克在不無得意地回憶自己多次使用類似手法都大獲成功時，將這種金融技巧的創制權歸之於羅斯柴爾德家族，但顯然，在對資訊的「理性算計」中，他是青出於藍而勝於藍的。

果斷出擊是取勝的天規

兵貴神速，猶太人做生意時最講究以速度取勝，認為一個商人能否成功，至少有 80%是與出擊速度相關，因為速度可以先人一步、先拔頭籌。

猶太巨富羅斯柴爾德有幾個兒子，他的三兒子尼桑年輕時在義大利經營棉、毛、菸草、砂糖等商品，並且很快便成了大亨。這位傳奇人物的確很令人佩服，但最使人稱奇的是，僅僅幾個小時，他就在股票交易中賺了幾百萬英鎊。

西元1815年6月20日，倫敦證券交易所開盤的氣氛緊張。尼桑在交易所裡是數得上的頭號人物，交易時他習慣靠著廳裡的一根柱子，所以這根柱子就被大家稱為是「羅斯柴爾德之柱」。現在，人們的注意力都集中在「羅斯柴爾德之柱」的一舉一動上。

昨天，即6月19日，英國和法國之間發生了滑鐵盧戰事。如果英國獲勝，無疑英國政府的公債將會上揚；反之如果拿破崙（獲勝的話，必將銳減。

因此，交易所裡的每一位投資者都在焦急地等候著戰場的消息，只要能比別人早知道一步，哪怕半小時、十分鐘，也可趁機大撈一筆。

戰事發生在比利時首都布魯塞爾南方，與倫敦相距非常遙遠。因為當時既沒有無線電，也沒有鐵路，除了某些地方使用蒸汽船外，主要靠快馬傳遞資訊。而在滑鐵盧戰役之前的幾場戰鬥中，英國均吃了敗仗，所以大家對英國獲勝抱的希望不大。

這時，尼桑面無表情地靠在「羅斯柴爾德之柱」上開始賣出英國公債了。「尼桑賣了」的消息馬上傳遍了交易所。於是，所有的人毫不猶豫地跟進，瞬間英國公債暴跌，尼桑繼續面無表情地拋出。正當公債的價格跌得不能再跌時，尼桑卻突然開始大量買進。

交易所裡的人都糊塗了，這是怎麼回事？尼桑玩的什麼花樣？追隨者們方寸大亂，紛紛交頭接耳，正在此時，官方宣布了英軍大勝的捷報。

交易所內又是一陣大亂，公債價格持續暴漲。而此時的尼桑卻悠然自得地靠在柱子上欣賞這亂哄哄的一幕。無論尼桑此時是激動不已也好，或者是陶醉在勝利的喜悅中也好，總之他發了一筆大財！

表面上看，尼桑似乎在進行一場賭資巨大的賭博。如果英軍戰敗，他豈不是損失一大筆錢？實際上這是一場精密設計好的賺錢遊戲。

滑鐵盧戰役的勝負決定英國公債的行情，這是每一個投資者都十分明白的，所以每一個人都渴望比別人搶先一步得到官方情報。唯獨尼桑卻例外，他根本沒有想依靠官方消息，他有自己的情報網，可以比英國政府更早了解到實際情況。

羅斯柴爾德的幾個兒子遍布西歐各國，他們視資訊和情報為家族繁榮的命脈，所以很早就建立了橫跨全歐洲的專用情報網，並不惜花大錢購置當時最快最新的設備，從有關商務資訊到社會熱門話題無一不互通有無，而且情報的準確性和傳遞速度都超過英國政府的驛站和情報網。正是因為有了這一高效率的情報通訊網，才使尼桑比英國政府搶先一步獲得滑鐵盧的戰況。

之外，尼桑的高明之處也在於他精於欲擒故縱的戰術。如果換了別人，得到情報後會迫不及待地大肆收購，無疑也可帶來巨大的利潤。而尼桑卻想到首先利用自己的影響設個陷阱，給人形成一種假象，引起公債暴跌，然後再以最低價購進，只有這樣才能獲得更大價差。從這個搶先一步發大財的故事上，我們完全可以看到情報和資訊對於生意人的重要性。

在強手林立、人才雲集的商戰中，機會一旦來臨，許多人可能同時發現機會，幾個競爭對手共同指向一個目標。這是力量的角逐、智慧的競爭，速度的較量更為重要。猶太人所持觀念是：經商時，究竟鹿死誰手，很大程度上取決於速度。因此，在方向、條件不變的前提下，速度與力量成正比。流水之所以能漂石，在速度；飛鳥之所以能捕殺鼠兔，在速度。有速度才有優勢。搞不清這一點，經商就比較困難。

華爾街金融大王的崛起

安德烈·邁耶（Andre Meyer）是一個性格複雜、內心豐富的人。他白手起家，很快成為華爾街的金融大王，被稱為「投資銀行領域中最高創造力的金融天才」，輿論界稱其為「一個巨大、絕對的獨一無二的人」。

邁耶的家境頗豐，父親是法國一個能幹的猶太商人。不幸的是，他的父親在他少年時沉淪於賭博，致使家道中落。邁耶在 15 歲那年，不得不棄學賺錢，挑起了一家 5 口人的家庭重擔。

邁耶找到交易所送信員這一差使，很快他又受僱於一家私人小銀行。當時正值第一次世界大戰，金融人員大量流失，使他不僅得以闖入銀行界，並可以自由地學習和實踐該行業所有的東西。

當時法國政府財政舉步維艱，但滿天飛的內外債借據卻使銀行業務蒸蒸日上，這種交易深深吸引了頭腦機敏、精力充沛的邁耶。他每天清晨 4 時就起床閱讀金融報，計畫一天的行動，而且還經常邊吃飯邊和家人談論市場行情。很快地，精明而勤奮的邁耶的名聲傳播開來，良好的名聲，令他娶到了著名的猶太銀行家萊曼年輕漂亮的女兒。

有了岳父撐腰的邁耶從此事業又步入一個新的高峰。1927 年，他成了「拉札爾兄弟投資公司」的合夥人。邁耶進入拉札爾銀行的第一個貢獻是，將拉札爾銀行控股的法國著名的雪鐵龍公司下屬的專門賒銷汽車的一家子公司，擴展為法國第一家消費者金融公司，減少了當時資金吃緊的雪鐵龍公司的財政負擔。邁耶的第二個貢獻則是，將搖搖欲墜的雪鐵龍汽車公司賣給法國另一家大公司，使法國大蕭條期間最嚴重的工業危機之一得到解決，使他深受法國政府和雪鐵龍債主們的喜歡。這兩件事不僅使邁耶聲譽鵲起，而且使他在政界也羅織了一張張有力的關係網，並獲得了法國政府頒發的榮譽勳位勳章。

不久，第二次世界大戰爆發了，希特勒（Adolf Hitler）瘋狂的反猶政策，使邁耶不得不逃往美國避難。剛到美國，邁耶在紐約的拉札爾營業機構與在巴黎的輝煌有天壤之別。但是他並不氣餒，暗暗地對自己說：「不出一年我就會成為老闆的。」

這句話出自於一個對紐約人生地不熟、又不會英語的普通人之口，似乎是荒誕之言。但是，在一年之後，他成為了紐約拉札爾的營業機構經理。

邁耶一上任，就對紐約拉札爾營業機構進行了大刀闊斧的改造，並決定把公司建成一個非常隱祕，主要服務於上流社會和少數富人的商行。但邁耶同時也清醒地意識到自身的弱點，那就是他對美國的大公司和上流社會一無所知，因此他需要一個在美國有名望、交際廣的合夥人。幸運的是，邁耶很快找到了這樣一個人，這個人是美國許多大公司的董事長和投資銀行家，他為邁耶帶來了一大批客戶。之後，他又物色了兩名合夥人，一名是精通華爾街業務的聯絡員，另一名則是一位精通證券分析和投資的大學教授。

邁耶這種做法的用意很明顯，他不希望拉札爾僅僅是一家投資銀行，他想讓拉札爾成為一個投資者。

很快，邁耶就第一次嘗到了戰後經濟中的良機帶來的好處。1946 年 4 月，美國最高法院確認了證券和兌換委員會解散幾個大公用事業控股公司的權利。這個決定使得諸如「電力債券和股份」等控股公司的股票價格陷入一片混亂。邁耶及其助手研究後斷定：控股公司股份的內在價值——即使它們被迫解散，也遠遠超出當時的拋售價格。所以他們就買進，買進，再買進。

不久事實就證明了邁耶一夥人的英明預見，股份的變現價格遠比人們預想的還要高，邁耶後來說：「這是我賺的最容易的一筆錢，實在是太容易了。」

此時，投機熱再次在美國彌漫開來。許多債券一上市就被搶購一空，而且價格上漲幅度很大。於是，邁耶就掌握機會大肆投資，經過他和幾位助手的精心企劃，每一樁生意都為拉札爾帶回豐厚的利潤，同時還廣泛結識企業、金融界朋友，使他逐漸在華爾街占了一席之地。

邁耶熱衷於選擇合適的小公司進行投資，然後再利用自己投資者的身分，干涉公司的未來；或透過擴展公司的規模和業務範圍，最好是透過合併其他小公司，然後再選擇有利時機出售，從而獲取最大的利潤。

於是，許多的小公司在邁耶的神奇力量下變成了大公司，使公司的經營者和股票投資者都感到公司在日益壯大。

1951 年，邁耶首先購進了一家名為「北美礦物分離」的小公司，接著又購進了一家黏土公司，然後又將黏土公司一分為二，把黏土公司的一半和礦物公司合併，把黏土公司的另一半出售，淨賺 550 萬美元。

之後，邁耶又將黏土礦物公司和另一家生產高嶺土的公司合併，更名為「礦物化工公司」——引起了華爾街的注意。當公司合併後 4 個月，該公司的股票一直上漲到每股 22 美元，使邁耶獲得了 4 倍的利潤，加上先前賺的 550 萬美元，淨賺 850 萬美元。

另外，邁耶持有 450 萬「礦物化工公司」的股票。

但這僅僅是開始。

1960 年 7 月，邁耶又企劃了將「礦物化工公司」和一家著名的國際金屬交易商行「菲力浦兄弟」商行合併，然後將該公司的股票出售，又淨賺了 840 萬美元。

緊接著，邁耶又企劃了「菲力浦礦物化工公司」和另兩家大型採礦企業合併，構成了能夠控制世界的貴金屬和礦物生產、加工、銷售的更大的托拉斯。

當這個公司的股票上市時，股東們獲得比原投資增加24倍的利潤！為此，邁耶獲得了110萬美元的佣金和520萬美元的利潤。

之後，邁耶又按照自己的「合併、合併、再合併」的快速致富策略，合併了若干家企業，再一次獲得了豐厚的利潤。

在一次對海地一家世界上最大的種植園的投資中，邁耶為了分散風險，邀請了包括洛克斐勒兄弟在內的幾家大股東。在運轉過程中，這些股東由於擔心戰線太長，紛紛退出。

邁耶經過周密分析，決定和另一家投資夥伴單獨冒險投資。事實上這筆600萬美元的投資根本不存在什麼風險，幾個月之內他們就賺了1,000多萬美元，足見邁耶的魄力和膽識。

滾滾的財源不僅使邁耶本人成為富翁，而且也為他帶來了巨大的社會聲望，由於他的樂於助人和細心，使他在猶太大亨中享有崇高的威望。

1979年，他以81歲的高齡離開了人世，留下了9,000萬美元的遺產。但他因為曾擔心繳納高額的遺產稅，早在過去的10年中就將3~8億美元的財產以各種信託形式分散了。

巨富哈默的傳奇

一方面，亞曼德·哈默是美國前總統杜魯門及尼克森的座上客；另一方面，哈默又是蘇聯領導人列寧等貴賓。他還與英國前首相柴契爾夫人、法國前總統密特朗以及不同國家的領導人有過一定交往。

1921 年 6 月，猶太商人哈默以 200 萬美元賣掉了自己在美國的公司，然後決定去蘇聯訪問。哈默之所以做出這樣的決定，是因為他從報刊上讀到了有關新聞。他對正受到斑疹、傷寒和飢荒威脅的蘇聯人民深表同情，當時誰也不敢訪問蘇聯，但哈默卻相信在那裡有做生意的機會。

哈默買下了一座第一次世界大戰中剩餘的野戰醫院，裝備了必需的醫藥品和器械，又買了一輛救護車，就開始出發了。

他要去的這個國家早已與大多數西方人隔絕，因此在他們看來，這次旅行簡直像月球探險。這樣，哈默以 23 歲的小小年紀，踏上了一條獨特的人生道路，這不僅從根本上改變了他的生活，而且也對其他人的生活帶來很大影響。

哈默到蘇聯的第一印象是：「人們看來都是衣衫襤褸，幾乎沒有人穿襪子或鞋子，孩子們則是光著腳；沒有一個人臉上有笑容，一個個都是顯得既骯髒又沮喪。」

火車緩慢地向東方行駛了三天三夜，快到窩瓦河時，進入了乾旱不毛的地帶。這地方霍亂、斑疹傷寒及所有兒科傳染病在兒童中肆虐流行。他很快又得知，飢荒正在迅速蔓延。成百個骨瘦如柴、飢腸轆轆的孩子敲打著從莫斯科開來的火車，乞討食物……

一天後，視察車帶著憂心如焚的乘客駛進了卡特靈堡附近的工礦區。使哈默大為吃驚的是：正如卡特靈堡成堆的皮毛一樣，這裡有成堆的白金、烏拉爾綠寶石和各種礦產品。

「為什麼你們不出口這些東西去換回糧食呢？」

他問了許多人。但他們的回答都相似：

「這是不可能的。歐洲對我們的封鎖剛解除。要組織起來出售這些貨物和買回糧食，這得花很長時間。」

有人對這位美國人說，要使烏拉爾地區的人支援到下一收穫季節，至少需要 10 萬噸小麥。當時，美國的糧食大豐收，價格跌到不可思議的地步，農夫寧可把糧食燒掉，也不願以這種價格在市場上出售。哈默嗅到了金錢的氣味，他說：

「我有 100 萬美元 —— 我可以辦成這件事。」

他說話時的神態，彷彿是買賣老手似的。

「這裡誰有權威來簽合約？」

當地的蘇維埃急忙舉行了一次會議。會議達成協議後，哈默給他的哥哥發了一個電報：要他購買 100 萬美元的小麥，然後由輪船運回價值 100 萬美元的毛皮和寶石，辦理這筆交易後，雙方都可拿到一筆 5%的佣金。

這位年輕的美國籍猶太人做好事的消息，比蜿蜒穿過烏拉爾的火車傳得還快，列寧得知了這一消息，對哈默和這筆交易大加讚許。

列車到達莫斯科後的次日，哈默就被召喚到列寧的辦公室，於是，雙方進行了友好的長談。

列寧感謝他對蘇聯的援助，並希望他能夠繼續合作，然後關照下屬為哈默一路開綠燈，而且親自參加雙方貿易合約的草擬。等哈默離開莫斯科前夕，列寧寫了張便條給這位博士：

「這個開端極為重要。我希望這將會產生巨大影響。」

今天，西方石油公司的總部辦公室裡，仍掛著列寧給哈默親筆簽名的照片。同樣，克里姆林宮國立博物館裡也放著哈默送給列寧的禮物：一隻凝視著人類頭骨的青銅小猴子，猴子坐在一本書上，書名《物種起源》（*On the Origin of Species*），作者達爾文。

哈默的商業帝國最終是在石油行業裡成就的。在進入石油行業之前，哈默還做過鉛筆、鋼筆、酒桶和混合酒生意，賺了很多很多的錢。哈默進入石油行業，亦完全是意外收穫。

當他最初涉足嘗試這個世界上風險最大的行業時，他從未想到，石油生意後來竟成為他多種經營的實業中的一個核心事業，並使他又贏得幾百萬美元的家產。

他投身於使他最為繁忙的石油事業的時候，也正是他打算從商場隱退的時期，那是 1956 年，他已經 58 歲了。

那是在一次雞尾酒會上，哈默認識了一位會計師，兩人聊得很投機，哈默深感稅收繁重，於是向會計師抱怨和發牢騷，會計師為了安慰哈默，隨口說出了石油業免稅這一資訊，哈默為之一振，不久，他就購買了一家瀕臨破產的小企業：西方石油公司。

哈默剛投身於石油之際，遇到的最大困難就是只鑽乾井不出油。

一位競爭者這樣挖苦他：「哈默每次在地上挖一個窟窿，就出現一口自噴油井」。對於這類話，他總是一笑置之，他寧願對幸運做另外一種估價：「幸運看來只會降臨到每天工作 14 小時，每星期工作 7 天的那種人頭上。」

哈默在這個事業上雖然還是個新手，但他卻非常懂得替換無能的人和出高薪聘請這個行業最好的專家。

鑽探專家里德提供服務通常要價很高，但哈默找他的時候，正值石油業不景氣的狀態，里德同意提供他那些已高價出租的鑽探設備，允許西方石油公司不必交現金，而以股票代替。里德說：

「我一直想當個百萬富翁，可是 30 年過去了，我一直也沒有當上，我有一個感覺，和你在一起，一定能實現。」（事實上，在里德逝世前，他的股息收入就達到 3,000 萬美元）

用完了 1961 年的 1,000 萬美元勘探費後，聽取了一名曾為里德作過助手的青年地質學家的意見，哈默又籌資決定鑽最後一口油井，地點是另一家石油公司廢棄的一塊地方。那個地方已閒置了好幾年，最後一口枯井已鑽到 1,700 米的深度。青年地質學家選定的地方，離那口井大約 200 米。鑽頭一寸一寸深入，鑽到 2,700 米深時，居然鑽透了加州第二大的天然氣田，這個天然氣田價值 2 億美元，幾個月後，又鑽出了另一個天然氣田。

博士匆忙找到太平洋煤氣與電力公司，心中拿定主意準備和這家公司簽訂為期 20 年的天然氣出售公司，沒想到碰了一鼻子灰。這家公司三言兩語就打發了哈默，他們說對不起，他們不需要哈默的天然氣，因為他們最近已耗鉅資從加拿大修通了一條到舊金山的天然氣管道。

哈默的心情很快就平靜下來，他找到洛杉磯市的議員們說，他將修一條直達洛杉磯市的天然氣管道，他將以比其他任何投標人更為便宜的價格為該市供應天然氣。這招果然很靈，太平洋煤氣與電力公司只好乖乖舉手投降。

哈默最大的一次成功是在利比亞。無論是對哈默本人，還是西方石油公司的 3 萬名職員和 35 萬名股東來說，一提起此事，他們都會驚嘆不已。對於像西方石油公司那樣的一個企業，從來沒有碰到過近似利比亞的事情，這類事情也許是百年不遇。

當時，利比亞的財政收入不大。在義大利占領期間，墨索里尼為了尋找石油，在這裡大概花了 1,000 萬美元，結果一無所獲。埃索石油公司在花費幾百萬效果不大的費用之後，正準備撤退，但在最後一口井裡打出油來。殼牌石油公司大約花了 5,000 萬美元，但打出的井都沒有商業價值。

西方石油公司到達利比亞的時候，正值利比亞政府準備進行第二輪出讓租借地的談判，出租的地區大部分都是原先一些大公司放棄的利比亞租借地。根據利比亞法律，石油公司應盡快開發他們的租借地，如開採不到石油，就必須把一部分租借地還給利比亞政府。第二輪談判中就包括已經打出若干「乾井」的土地，但也有許多塊與產油區相鄰的沙漠地。

1966 年 3 月，哈默得到了兩塊租借地，使那些知名的競爭對手大吃一驚，這兩塊租借地都是其他大公司耗鉅資後打出若干個「乾井」後放棄的。

這兩塊租借地不久就成了哈默煩惱的源泉。西方石油公司鑽出的頭三口井都是滴油不見的乾井，僅鑽井費一項就花了近 300 萬美元，另外還有 200 萬美元用於地震探測和向利比亞政府繳納的不可告人的賄賂金。

於是，董事會裡有許多人開始傷心地把這項雄心勃勃的計畫叫做「哈默的蠢事」，甚至連哈默的密友、公司的第二大股東里德也失去了信心。

但是哈默的直覺促使他固執己見。在創業者和財東之間發生意見分歧之後的幾個星期，第一口油井出油了，此後的另外 8 口油井也出油了，這下公司可忙碌起來了，這塊油田的潛力是每天可產油 10 萬桶，這是一種異乎尋常的高級原油，含硫量極低，更重要的還在於，這個油田在蘇伊士運河以西，運輸方便。

與此同時，哈默在另一塊租借地上，採用了最先進行的電腦探測法，鑽出了一口日產 7.3 萬桶自動噴油的珊瑚油藏井，這是利比亞最大的一口井。

接著，哈默又投資 1.5 億美元修建了一條日輸油量 100 萬桶的輸油管道，而當時西方石油公司的資產淨值只有 4,800 萬美元，可見哈默的膽識與魄力。

1967 年 4 月，西方石油公司的黑色金子流到了海邊，那確實是個壯觀的日子，光慶祝典禮就花費了 100 萬美元。

不久，哈默又在至少 1/4 個世紀沒有下過雨的庫夫拉沙漠打出了可與中東油田相媲美的高產油井，又成為一大奇蹟。

於是，西方石油公司的股票每股超過了 150 美元。哈默決定，趁機擴大公司規模。

1966-1967 年間，哈默以 8,800 萬美元買下了珀米安與麥克伍德公司及加勒特研究與發展公司。

1968 年 1 月，哈默以 1.5 億美元買下了美國第三大煤礦公司島渙煤礦公司，該公司年銷售額 1.5 億美元，煤藏量為 35 億多噸。

1968 年 7 月，哈默以 8 億美元的驚人代價買下了胡克化學與塑膠製品公司。

上述作法確實具有遠見和膽識，等 1969 年利比亞實行「國有化」的時候，哈默已經羽毛大豐了，這樣，西方石油公司已成為世界石油行業裡舉足輕重的企業。

第三章　講究誠信重視商譽

對於一個商人來說保持清白是多麼困難，對於一個店家來說要想做到絕對誠實又是多麼困難！

就像一個鐵樁被緊緊夾在石頭中間一樣，不忠誠也被夾在買賣之中。

除非一個人堅定地保持著對上帝的敬畏，不然他的房子不久就會變成廢墟一片。

——《便西拉智訓》

相信我？當然

對人要以真心服務，這樣就算遇到災難也可以變成財富。《塔木德》中說：「一個人死後進入天國前，上帝會問，你生前做買賣時是否是誠實的？如果欺騙別人，會被打入地獄的。」它所記述的許多誠實經商的典型事例，讓猶太商人相信，誠信守約的經商之道才是獲利的最高原則，這便是猶太人在違反與上帝之約後的真切體會。

猶太人相信說謊的人死後要遭受煉獄的痛苦。無論是書面協議，還是口頭承諾，他們都不折不扣地履行。

在農業社會，猶太人就已遵從簡單的商業道德，展現猶太人重視公平和講道理的交易標準。

在《塔木德》中，商業交易成為一種特殊的行為原則：交易就是交易，而不是為交易而交易。教導人們做一個有道德的商人，而不是做一個唯利是圖的商人。交易強調的是道德和善行。

猶太人認為：買者的權利，即使沒有明文規定所有保證，買者仍然有權要求他買的東西必須是品質優良，毫無缺陷。即使賣者打出「貨物出門，概不退換」的招牌，買方若事後發現東西有瑕疵，也有權要求退換。但是，賣方若事先聲明貨物有缺陷，而買者願買，買後便不可退換，這是契約，雙方必須要遵守。自願吃虧與上當受騙是兩回事。《塔木德》堅持的原則是保護買方利益。買方可在購買到東西一天到一星期之內，拿著所買東西去請教別人，因為買主不一定對所買東西很內行，由懂行者作判斷，然後決定是否退換，這都是允許的。在那時，猶太人就有監督買賣度量的官員，夏天和冬天丈量土地的繩子不一樣長，天氣變化，繩子伸縮有度。出賣液體甕底的以前的殘渣，便被視為不公平，官員有權過問。

《塔木德》時代，商品沒有統一價格。價錢由賣方張口要，但若買主付出超過一般行情的 1/6 時，這次交易可以被視作無效。貨、款各退回本人手中。這是《塔木德》所訂的規矩。它不光保護買方利益，同時也保護賣方利益。當買方沒有購買誠意時，就不可以進行商談；如有人表示願意購買某商品，他人就不可爭購。

可以這樣說，猶太商人是最具商業道德的買賣人，猶太人之所以能夠摘取「世界第一商人」的桂冠，與此是分不開的。

英國的「馬莎百貨公司（Mark&Spencer）」就是追求信譽，講求誠信經商的典範。這家公司是由蒙西夫兄弟創立的。

他們將這家連鎖店發展成為具有超市功能的連鎖購物商場。這家商場不僅講求價格低廉，而且注重商品品質，馬莎百貨公司就是以低廉的價格向社會提供考究的服裝。現在該公司的「聖蜜雪兒」商標成為了優質品牌，是可以讓消費者以最低的價格買進最優質商品的商場。此外，公司還強調最優質的服務，挑選職員如同精選商品一樣，如今那裡成為了購物者的天堂。作為企業主，不但要為顧客提供優質的商品及服務，同時也要為員工提供最好的工作條件，如：高薪待遇，設立保健和牙科醫院，這些優越的條件讓這家公司成為了一個福利王國。因此，馬莎百貨公司被普遍認為是英國同業中效率最高的企業。

此外，美國的西爾斯公司也採取了這種經營策略。該公司總裁朱利斯·羅森沃爾德是位精明的猶太商人，在西爾斯公司融資時，他以 37,500 美元投資該公司而進入董事會。1910 年公司創始人理查·西爾斯退休，公司的年收益達到 5 億美元。羅森沃爾德出任總裁後，他制定了一條不滿意可以退貨的經營策略，可以說羅森沃爾德是第一個將商業信譽提升到高程度的人。他經營的公司以其商品品質可靠、價格低廉、信譽卓著和市場變化的精確評估，而廣受顧客好評。尤其公司的商品目錄在他的任內發行量達 4,000 萬冊，幾乎遍布美國各個家庭，構成了美國社會的一部經濟史。羅森沃爾德剛開始時投資的 37,500 美元在 30 年後資產達到 1.54 億美元。

相信你？絕不

即使是多次合作愉快的商業夥伴，猶太人也不會輕信對方。他們將每一次生意都當成初次。

猶太商人在生意場上，雖然誠信經商，但並非輕信別人，他們將與對方的第一次交易稱作是初交。猶太商人即使與相識的朋友做生意，也不會因為上次的成功合作，而放鬆了對對方的留意，他們總會將每一次的交易獨立看待，甚至將自己的長期合作夥伴也看作是第一次的交易，這樣可以防止落入對方的圈套，從而保證每一次生意獲利的可能。

猶太商人在做生意時知道怎樣對待自己和別人，他們從小受到的教育就是只相信自己，其他任何人都是不能相信的，這種猶太商人不相信別人的思想幾乎達到偏執。我們從《塔木德》中的這段話就能明白，「如果對方是猶太人，無論有沒有契約，只要答應了，就可以信任；反之，如果對方不是猶太人，即使有契約，也不可輕信！」然而猶太商人從不違約，更不會欺騙別人，他們在和外國商人交易時，對於契約的訂立條件要求十分嚴格，尤其合約中的每一條款都要經過仔細嚴密的研究，不會讓外國商人有漏洞可鑽。在金錢問題上，猶太人一向認真對待，即使是自己的妻子，也不會完全相信。甚至有些猶太富豪，擔心妻子會設法騙取他的財產，寧願把錢花在酒吧女郎或者奢侈的生活享受上，也不願娶個老婆。

猶太商人雖然不相信外國人履行合約時的誠意，但他們還是要與外商積極合作，建立廣泛的商業連繫網。他們對於訂立的合約，持不輕信的態度，但為保證雙方履行合約，常常要設立監督機構，聘請專家進行督促。

洛克斐勒的父親威廉曾經說過：「我希望我的兒子們成為精明的人，所以，一有機會我就欺騙他們，我和兒子們做生意，而且每次只要能詐騙和打敗他們，我就絕不留情。」

洛克斐勒童年記憶中最深刻的一件事就是：一次，父親讓他從高椅子上往父親懷裡跳，第一次父親將小約翰接住了。可是當小約翰第二次縱身跳下時，父親卻突然抽回雙手，讓小約翰撲在地上。威廉無疑是想透過這件事告訴兒子：世界是複雜的，不要輕信任何人，每個人，哪怕是最親近的人，都可能成為你的敵人。猶太人在經商時，視商場為戰場，視他人為假想敵，心裡高度警惕，永不放棄戒備心。縱然是自己的妻子或者丈夫，也把他當外人看待，從不輕易信任，這也是猶太人防範交易風險的智慧之舉。

一切依約行事

猶太商人經商的歷史，是一部訂立契約與履行契約的文明史。他們在商業上取得成功的一個祕訣就是：他們一旦訂立契約，就一定不折不扣地去執行，即使遇到了巨大的風險，也會努力克服。

在希伯來人定居迦南前，迦南就已經出現了繁榮的景象。商隊往來頻繁，迦南當時成了各類商品的大集散地。在約瑟時期，活動於沙漠與迦南之間的希伯來部落開始了早期的國際貿易業務，他們從基列販運香料、乳香等商品，這一時期的商業「合約」便是他們的「約」。希伯來人定居迦南後，生活變得漂泊不定，直到猶太王國的滅亡，希伯來人始終處於衝突與不斷結盟的變化環境下，這使他們更深地了解到了「約」的重要性，

「約」可以在一定程度上，將無序的事物有序化。訂立「約」後，人們的行為得到了規範，在進行貿易時，人們必須預見到行為的結果，人們依照「約」有計畫地行事。因此，世界的秩序、貿易活動的規範化是透過語言文字達成的「約」而實現的。在希伯來人的頭腦裡，「約」反映為「上帝之道即為世界之源」、「上帝之道即為秩序之源」，這也說明了以色列人與上帝的關係是「約」，以色列人信守上帝的律法，上帝則保護以色列人並賦予他們智慧，上帝是與以色列人立約的神，以色列入在猶太三國滅亡後更崇尚「約」了。因為猶太人在失去了王權和神權體制後，只能憑著某種對雙方都留有相當自由程度的立約方式，維繫民族的凝聚力與向心力，同時依賴「約」來完成貿易。猶太人與上帝之約，使他們意識到這種契約的強制性，他們視其為一種道德理念或行為規範，鑲嵌在他們的靈魂裡。猶太律法不僅是猶太人進行商業貿易的尺規，也為他們在信仰契約打上了文化的印痕。

因此，猶太商人在守約上的信譽是極高的，他們對於別人盡力履約也只看作是一種自然現象，他們之所以在守約上有這種特別之處，不僅是在於散居世界各地的猶太人比任何一個民族獲得了更多經濟上的成就，特有的文化與巨額財富，被外族人視為異端；更因為為了生存，猶太人不得不小心地處理好與各大民族的關係，盡力避免與人發生任何的衝突，為此，他們希望共處的民族之間能有某種共同遵守的規則，這便是「約」。無論是征服他們的民族，或是與之共處的民族，還是在自己同族之間，律法對他們而言都變得非常重要，這是猶太民族賴以生存發展的基本力量。猶太人完全能夠遵守居住國的律法，甚至超過了當地民族本身的自覺性。在經濟貿易中，猶太商人也以守約聞名，在其他商人的眼裡，猶太商人是從不逃漏稅的，一切依約行事。他們賺大錢完全是憑著自己的智慧與機智，因為他們具備了這種天賦，所以獲取豐厚利潤對猶太商人而言，更是自主可行的，沒有必要去違約賺錢，這是他們民族的一種習慣和美德。我們必須承認猶太商人在法制意識上較其他民族優越。

猶太商人自古以來，就被冠以守約的信譽。他們在特定的歷史環境中恪守律法的商業意識，在現代的商戰中更是不可或缺的。因此，這種信譽最終也讓他們成為了世界級的商業大亨。他們認為契約源於人和神的約定，猶太人最古老的契約莫過於《舊約》，它是上帝與人類之間訂立的。到了現代社會，契約是交易雙方為了確保自身利益得以實現，明確規定交易的各項條件必須履行，具有法律效力的合約。這種合約使得各方的利益都受到了保護。

在猶太商人看來，毀約是不應該發生的，更是不能寬恕的事情，契約一經多方達成協定，就得依約而履行。因為猶太人深信，他們的存在是因為和上帝簽訂了存在之契約，如果不履約，就是打破了神與人之間的約定，就會帶給當事人災難。

但是猶太商人認為，訂立契約之前是可以談判、討價還價的，任何一方都可自主妥協讓步，也可以不簽訂約定書，這都是訂約前各方的權利，一旦雙方訂下了約就一定得執行。否則，凡是違約的一方，必將招致猶太商人的厭惡，並要求對其損失做出賠償。

在現代的商業交往中，常常會出現一些因彼此不相信而導致交易破產的事情。但是各國商人在和猶太人交易時，對對方總存有履約的最大信任，也會對自己嚴格要求。他們相信對方，同時告誡自己，不要對猶太人失信或毀約，這樣才能獲得與猶太人做生意的機會。如果我們仔細研究猶太商人重信守約所帶來的好處，我們就會發現：猶太商人有了信譽就等於有了市場，擁有了市場就擁有了財富。

與上帝簽約的商人

猶太人在經商中最注重「契約」。在全世界商界中，猶太商人的重信守約是有口皆碑的。猶太人一經簽訂契約，不論發生任何問題，絕不毀約。

猶太人認為「契約」是上帝的約定，他們說：「我們人與人之間的契約，也和神所定的契約相同，絕不可以毀約。」既然「契約」是和上帝的約定，那麼每一次立約就意味著指天發誓，絕不反悔。若毀約，就是褻瀆了上帝的神聖。

猶太人由於普遍重信守約，相互之間做生意時經常連合約也不需要。口頭的允諾也有足夠的約束力，因為「神聽得見」。

猶太人信守合約幾乎可以達到令人吃驚的地步。在做生意時，猶太人從來都是絲毫不讓，分厘必賺，但若是在契約面前，他們縱使吃大虧也要絕對遵守。這對他們而言，是非常自然、毫不懷疑的事。

有一個猶太商人和雇工訂了契約，規定雇工為商人工作，每一週發一次薪資，但薪資不是現金，而是雇工從附近的一家商店裡領取與薪資等價的物品，然後由商店老闆和猶太商人結帳。

過了一週，雇工氣呼呼地跑到商人跟前說：「商店老闆說，不給現金就不能拿東西，所以，還是請你付給我們現金吧！」

過了一會，商店老闆又跑來結帳了，說：「你的雇工已經取走了這些東西，請付錢吧！」

猶太商人一聽，給弄糊塗了，經過反覆調查，確認是雇工從中做了手腳，但是猶太商人還是付了商店老闆的錢。因為唯有他同時向雙方作了許諾，而商店老闆和該雇工並沒有雇用關係。既然有了約定，就要遵守。雖然吃了虧，也只能怪自己當時疏忽輕信了雇工。

有一位出口商與猶太商人簽訂了 1 萬箱蘑菇罐頭契約，契約規定為：「每箱 20 罐，每罐 100 克。」但出口商在出貨時，卻裝運了 1 萬箱 150 克的蘑菇罐頭。貨物的重量雖然比契約多了 50%，但猶太商人拒絕收貨。出口商甚至同意超出契約重量不收錢，而猶太商人仍不同意，並要求索賠。出口商無可奈何，賠了猶太商人的全部損失，還要把貨物另做處理。

猶太商人看似不通情理，但事實並不那麼簡單。首先因為猶太人極為注重契約，猶太人生意經的精髓在於契約。他們一旦簽訂契約不管發生任何困難，也絕不毀約。當然他們也要求簽約對方嚴格履行契約，不容許對契約不嚴謹和寬容。相反，誰不履行契約，就會被認為違反了神意，猶太人是絕不會允許的，一定會嚴格追究責任，不留情地提出索賠要求。

雅各的樹枝

在遵守契約的大前提下，誰都可以利用契約的漏洞來為自己謀取利益。

傳說有個賢明的猶太商人，他把兒子送到很遠的耶路撒冷去學習。一天，他突然染上了重病，知道來不及和兒子見上最後一面了，便在彌留之際，立了一份遺囑，上面寫清楚，家中所有財產都轉讓給一個奴隸；不過要是財產中有哪一件是兒子所想要的話，可以讓給兒子。但是，只能是一件。

這位父親死了之後，奴隸很高興自己交了好運，連夜趕往耶路撒冷，找到死者的兒子，向他報喪，並把老人立下的遺囑給兒子看。兒子看了非常驚訝，也非常傷心。

辦完喪事後，這個兒子一直在合計自己應該怎麼辦。但左思右想理不出個頭緒來。於是，他跑去找年長的拉比，向他問計。

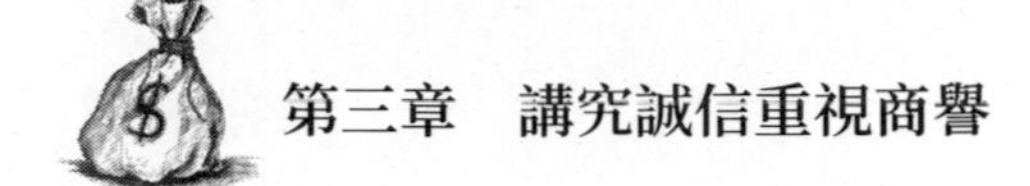

拉比聽了說：「從遺書來看，你父親非常賢明，而且真心愛你」。兒子不解地說：「把財產全部送給奴隸，不留一點什麼給兒子，有什麼愛心呢？

拉比告訴他，父親知道如果自己死了，兒子又不在，奴隸可能會帶著財產逃走，連喪事也不報告他。因此父親才把全部財產都送給奴隸，這樣，奴隸就會急著去見兒子，還會把財產保管得好好的。可是，這個當兒子的還是不明白，既然財產全都送給奴隸了，保管得再好，對自己又有什麼益處。

拉比見他還是反應不過來，只好幫他挑明：「你不知道奴隸的財產全部屬於主人嗎？你父親不是為你留下了一樣財產嗎？你只要選那個奴隸就行了。這不是充滿愛心的聰明想法嗎？」

聽到這裡，年輕人才恍然大悟，照著拉比的話做了，透過擁有奴隸這一手段擁有了所有的財產。

很明顯，這個猶太商人實實在在地使了一個小計謀，讓奴隸吃了一個啞巴虧：遺囑所給予奴隸的一切都奠定在一個「但是」的基礎上，前提一變，一切所有權皆成泡影。這樣一個心機暗藏的陷阱，是這個猶太商人所立遺囑的關鍵。

然而，如果進一步把這張契約提升到猶太商人對守法守約的根本心態的高度來看的話，便會發現其中還有大量的文章。

坦白來說，由於這是一份無奈之下所立的遺囑，猶太商人在立遺囑時就打定主意要使其無效，換句話說，也就是在立約時就準備毀約。誠如拉比分析的，他當時面臨的是「要麼讓步，要麼徹底失去」這樣一種無可選擇的選擇，所以他只能選擇讓步，透過把全部財產讓給奴隸，使奴隸不至於直接帶著財產逃走。

然而，這種讓步又是他心有不甘的，真的把財產都給了奴隸，和奴隸帶了財產逃走，這兩者對他兒子來說，基本上是一回事。但按照猶太人的規矩，無論他還是他兒子，都不能隨便毀約。

為了解決這個難題，聰明的猶太商人想出了這麼一個好辦法：他給遺囑中裝進了一個自毀裝置，兒子只要找到這個裝置，就可以在履約的形式下取得毀約的效果。果然，在拉比的開導下，兒子真的啟動了這個自毀裝置，嚴肅的遺囑在形式上得到了履行，而在實際上，至少對於那個奴隸來說，遺囑等於完全廢棄了。

所以，這個寓言真正要傳達的意思是，如何借履行契約的形式來取得毀約的效果。轉換成一般命題的話，就是：如何在守法守約的形式下，取得違反法律或毀棄契約才能取得的效果。

在遵守契約的大前提下，可以利用契約的漏洞，為自己謀取利益。這個道理，猶太人比誰都明白，他們也不會錯過這樣的機會。猶太人中還有一則「雅各的樹枝」的故事。也證明了這一點。

所謂「雅各的樹枝」，就是將於己有利而對方一時又覺察不出的機關暗設在合約中。這種做法聽起來不大好聽，似乎有不夠道德之嫌。不過，猶太商人很清楚，商業場上，首要的在於合不合法，而不在於道德不道德。只要是在雙方完全自願的情況下達成合約，並且在內容上和形式上都符合有關法規，那即便結果再不公正，也只能怪吃虧一方自己事先未考慮周全。正因為這個道理，「雅各的樹枝」的典故才得以堂而皇之地在《聖經》上記下。

相傳以色列人是由 12 個部落組成的，這 12 個部落各自的祖先本是同父異母的兄弟，雅各就是他們的父親。早先的時候，雅各曾在外流浪，為其母舅也是日後的岳父拉班牧羊。在報酬問題上，雅各主動提出，只要以後新生出的小羊中，凡是帶斑點的、有花紋的或是黑色的，就歸他所有，其他顏色的，都歸拉班所有，此外不需另外支付薪資；而且，拉班可以先行把羊群中現有的這類羊全部帶走。

拉班聽了，對雅各開出的條件非常樂於接受，同意照此辦理。於是，雅各就繼續為拉班放羊。羊交配的季節轉眼就到了，雅各採了些嫩綠的樹枝，將皮剝成白紋，露出裡面白色的枝幹，然後，將這些樹枝對著羊群插入飲水的水溝裡或水槽裡，羊來喝水的時候，對著樹枝雌雄交配，就生下了帶有斑點或花紋的羊。雅各把這些羊分出來，另行放牧。以後，只要羊膘肥體壯，雅各就如法炮製，讓牠們產下有斑點或有花紋的羊羔。而在羊隻瘦弱的情況下，就聽任牠們自然交配，生下的無花紋、無斑點的羊全都歸拉班。

這樣，沒幾年，雅各就「肥得流油」了。

只有在神話傳說中，才可以看到雅各這樣的辦法，而且即使在神話傳說中，也不是人人都知曉的，譬如那個拉班就不知道。如果不是這樣的話，他是不會同意雅各所提出的條件，聽憑他「掠奪」自己的羊羔的，而且是以如此簡便有效的改變羊羔毛色的「辦法」。

在表面上看很公道，甚至公道得在他自己明擺著讓你占便宜的合約中，雅各放進只有他自己才知道的私貨，使對方誤認為占了便宜而傻傻地簽下合約，結果反而吃了大虧。無論怎樣，雅各的這種手法，卻是自古至今商場上屢試不爽的「保留節目」。

不義之財分文不取

靈魂的純潔是最大的美德。

《塔木德》中有這樣一個故事：有位拉比以砍柴為生，經常把砍好的木柴從山上運往城裡賣。為了提升速度，以便節省時間用來研讀《塔木德》，拉比決定購買一頭驢子幫忙馱貨。

於是，拉比向城裡的阿拉伯人買了一頭驢子。

有了驢子之後，拉比便可加快速度往返於村子和城鎮之間，弟子為此感到高興，幫忙用河水來洗刷驢身。就在洗刷之際，突然從驢子的頸項間掉落一顆鑽石。

弟子們慶幸說道，這下子拉比可以脫離貧苦的砍柴生活，擁有更多的時間來進修和教導我們了。

可是，拉比卻令弟子立即返回城裡，將鑽石歸還給阿拉伯商人。弟子不解其意，遂問：「這不是您所購買的驢子嗎？」拉比回答：「我買了驢子，但是不曾買過鑽石。我只取自己應得之物，這才是正當的行為。」

然後，拉比帶著鑽石親自送往城裡歸還阿拉伯人。

阿拉伯人反問道：「你買了這頭驢子，而鑽石就附在驢子身上，你何必送來歸還呢？」

拉比答道：「根據猶太人傳統，我們只能獲取所買之物。鑽石並非我所購買的東西，因此特地送來歸還給你。」

阿拉伯人聽後，不禁由衷讚賞：「你們的神，一定是位偉大的神啊！」

猶太人認為，靈魂的純潔是最大的美德，人的靈魂變骯髒了，人也就完蛋了。因此，雖然猶太人沒有止境地追求財富，但是，他們靠頭腦和雙手光明正大地獲得財富。

猶太拉比允許人們戴上斗篷，使自己顯得有魅力；允許人們把好衣服熨得光鮮，也允許人們捶打麻布衣服，使它顯得更薄更精緻；並且，拉比們允許人們在箭上塗上色彩，允許人們把籃子描成彩色，即允許人們對人對物做一些虛飾，使之更美更漂亮。

但是，《塔木德》禁止在交易中進行虛飾的行為。例如禁止賣牛的時候在牛身上塗抹不同的顏色，也反對把其他各種動物的毛髮弄得硬邦邦的。因為牛塗上顏色會比原來更漂亮，動物的毛髮弄得硬邦邦就會使動物看起來更大些。另外動物的肚子也不應該被充氣，它的肉也不應該浸在水裡。

猶太拉比們告誡商人們也不能在各種工具上塗抹顏色而出賣，因為工具塗上新塗料可以使其顯得新穎，更漂亮。

有人將奴隸染黑頭髮，並在臉上塗抹化妝，以使他顯得年輕，以達到欺騙買主的目的。《塔木德》就曾記載了這麼一則案例，並且告誡說這是不合法的，應該禁止。總而言之，在猶太法律中為了欺人耳目而在物品上面塗沫顏色的行為是被禁止的。

此外，《塔木德》裡也禁止商人在銷售商品之時附上任何名不副實的稱號。譬如美國廣告裡經常使用「最大的尺寸」或者「最大的面積」之類的誇大用語。所謂「最大的面積」事實上只是「某一塊特定的面積」而已。這類廣告用語在《塔木德》裡早就已經明文禁止。

猶太人法律禁止虛假廣告，並不反對實事求是的正當廣告的宣傳作用。

有一個貧窮的賣蘋果的婦人，她的攤位就在哈西德教派的拉比家旁邊。一天，她對拉比抱怨道：

「拉比，我沒有錢買安息日所需的東西。」

「你的蘋果攤生意怎麼樣啊？」

「人們說我的蘋果是壞的，他們不肯買。」

拉比哈伊姆立即跑到街上大喊：「誰想買好蘋果？」

人們立刻把他圍了起來。他們對蘋果連看都不看，數都不數，就掏出錢來買。很快，所有的人都以高出實際價格 2~3 倍的價錢把蘋果買了個精光。

「現在你看，」在轉身回家時，拉比對這位婦人說，「你的蘋果是好的，一切都在人們不知道它們是好蘋果。」

由此看來，猶太人是並不一味反對做廣告的，但是，只是在他們看來，一切都必須限定在誠實的範圍內。

用人性化服務打造商譽

靠商譽吃飯，已成了當今商家的共識。而良好商譽的建立，離不開高品質的服務。在這個感性的時代，所謂高品質服務，離不開「人性化」三個字。

在泰國有一家猶太人開的飯店，幾乎天天客滿，不提前一個月預定是很難有入住機會的，而且客人大都來自西方國家。泰國在亞洲算不上特別發達，但為什麼會有如此誘人的飯店呢？也許有人認為泰國是一個旅遊國家，而且又有世界上獨有的人妖表演，是不是他們在這方面下了工夫。錯了，他們靠的是真功夫，是人性化的顧客服務。

他們的顧客服務到底是如何貫徹「人性化」的呢？

一位公司總裁因公務經常出差泰國，並下榻在該飯店，第一次入住時良好的飯店環境和服務就使他留下了深刻的印象，當他第二次入住時幾個細節更使他對飯店的好感迅速升級。

那天早上，在他走出房門準備去餐廳的時候，樓層服務生恭敬地問道：「傑爾森先生是要用早餐嗎？」傑爾森很奇怪，反問：「你怎麼知道我的姓？」服務生說：「我們飯店規定，晚上要背熟所有客人的姓名。」這令傑爾森大吃一驚，因為他頻繁往返於世界各地，入住過無數高級飯店，但這種情況還是第一次碰到。

傑爾森高興地乘電梯下到餐廳所在的樓層，剛剛走出電梯門，餐廳的服務生就說：「傑爾森先生，裡面請。」傑爾森更加疑惑，因為服務生並沒有看到他的房卡，就問：「你知道我姓傑爾森？」服務生答：「上面的電話剛剛打下來，說您已經下樓了。」如此高的效率讓傑爾森再次大吃一驚。

傑爾森剛走進餐廳，服務小姐微笑著問：「傑爾森先生還要老位子嗎？」傑爾森的驚訝再次升級，心想儘管我不是第一次在這裡吃飯，但最近的一次也有一年多了，難道這裡的服務小姐記憶力那麼好？看到傑爾森驚訝的目光，服務小姐主動解釋說：「我剛剛查過電腦記錄，您去年 12 月 12 日在靠近第二個窗戶的位子上用過早餐。」傑爾森聽後興奮地說：「老位子！老位子！」小姐接著問：「老菜單？一個三明治，一杯咖啡，一個雞蛋？」現在傑爾森已經不再驚訝了，「老菜單，就要老菜單！」傑爾森已經興奮到了極點。

上餐時餐廳贈送了一碟小菜，由於這種小菜傑爾森是第一次看到，就問：「這是什麼？」服務生後退兩步說：「這是我們飯店特有的一種小菜。」服務生為什麼要先後退兩步呢？他是怕自己說話時口水不小心落在客人的食品上，這種細緻的服務不要說在一般的飯店，就是美國最好的飯店裡傑爾森都沒有見過。這一次早餐使傑爾森留下了終生難忘的印象。

後來，由於業務調整的原因，傑爾森有四年的時間沒有再到泰國去，在傑爾森生日的時候，他突然收到了一封這家飯店寄來的生日賀卡，裡面還附了一封信，內容是：親愛的傑爾森先生，您已經四年沒有來過我們這裡了，我們全體人員都非常想念您，希望能再次見到您。今天是您的生日，祝您生日愉快。傑爾森當時激動得熱淚盈眶，發誓如果再去泰國，絕對不會到其他任何飯店，而且要說服所有的朋友也像他一樣選擇。

這家飯店非常重視培養忠實的顧客，因此建立了一套完善的顧客關係管理體系，使客人入住後可以得到無微不至的人性化服務。迄今為止，世界各國約有 20 萬人曾經入住過那裡，用他們的話說，只要每年有十分之一的老顧客光顧飯店就會永遠客滿。這就是這家飯店成功的祕訣。

「雙贏」是最好的結果

你輸我贏或我輸你贏的生意只會有一次，牢固的生意關係應該建立在「雙贏」的基礎之上。

與顧客「雙贏」是近幾年商業界出現的一個新觀念，然而在猶太人的經商過程中，他們早就身體力行了。「顧客滿意」並非猶太商人的最終目標，「顧客成功」才應是猶太商人所追求的。因為顧客滿意描述的是一個過程，而顧客成功追求的是一個結果。也就是說，商家所提供的產品服務，光是讓顧客滿意還不夠，其最終目標應該在於協助顧客成功。

從歐美等已開發國家對顧客滿意的經營現狀來看，企業在日益嚴峻的經營環境中，讓顧客成功顯得越加重要。

顧客滿意只不過是經營方法與手段，而顧客成功才是企業經營的最終目的，也是最實際的利潤。

什麼是「顧客成功」？真正的顧客成功應包括以下努力：維持對顧客的承諾；真正解決顧客的問題；向顧客提供的是獲利的行動；成為顧客成

功歷程中不可缺少的夥伴。

猶太人認為，「我贏你輸」的經商手段，僅能保持短暫的優勢，很快便會自「我贏你輸」進入「兩敗俱傷」的境地。所謂「雙贏」並不是一種暫時的手段或者策略，而是一種長期永久的哲學。

「雙贏」的哲學有很多思考方式和規律，在猶太人看來，至少有以下4個方面。

原則一：如果不可能雙方都贏，就不要去做。

持「雙贏」理念的投資者不占人便宜，也不希望被人占便宜。他雖然「奸」，但感覺卻應該敏銳。「雙贏」哲學的第一原則便是仔細觀察情勢，若不能雙方都贏，大家都別玩。

聽起來似乎很簡單，其實不容易。我看過很多的房地產經紀人欺騙毫無經驗的買主，也看過急於賣房子的人被買主欺騙。想運用「雙贏」哲學的投資者，必須先決定他對「輸」和「贏」的定義。一旦進入洽談生意階段，他才知道自己的極限所在，也比較不會有損失。如果（我是說如果）你想從事房地產投資，你的目標是一年至少買一幢房子，如果你碰到一個賣主想高價脫手二手屋，還要一大筆現金，你的直覺一定會告訴你事情不對，若賣方什麼便宜都占了，那你又有什麼好處？這就是「他贏你輸」。

正如美國詩人、散文家愛默生（Ralph Waldo Emerson）所說，每個人都應小心不要讓鄰居欺騙你，總有一天你也要小心自己不去欺騙你的鄰居，然後才能一切順利。就像常說的「害人之心不可有，防人之心不可無」。

原則二：不要浪費時間和沒有問題要解決的人爭論。

對於房地產投資來說，應盡量尋找賣房子動機比較強烈的人，他們比較有可能與你共同協商出對雙方都有利的價格及付款條件。其他各行也是如此。

原則三：與對方成為朋友，他會比較樂意與朋友而不是敵人共同解決問題。

懂得「雙贏」哲學的人知道如何製造互信、互諒以及誠懇的氣氛，只有在這種氣氛下，真正的問題才會顯露出來，也容易找到對策。

有這麼一個故事：一位猶太農夫請鄰居們來幫忙收割稻子，每一個鄰居都自帶了籃子，有的籃子小，有的籃子大。一天工作完成後，農夫宣布最後一趟所裝的稻子可以帶回家，是他向大家表示謝意的禮物。結果帶大籃子的人拿了很多稻子，小籃子的人得到的則比較少。換句話說，耕耘多少，收穫多少，談判也是如此。

原則四：了解問題是解決問題的第一步。

怎樣才能了解問題呢？答案是「一切從聽開始」。一個追求雙贏的談判者，必須試圖了解對方的動機。有一位年輕人去見神父，問了一個簡單的問題：「神父，我祈禱時可不可以抽菸？」

結果不說也知道，神父表示反對。

過了一段時間，年輕人又去找神父：「神父，那麼我抽菸時可不可以祈禱呢？」

神父不假思索地回答：「當然可以！一個人心中應常常祈禱。」

這難道不是同一個問題？只是這個年輕人運用了大腦去想神父的看法，一旦他找到了神父的原則並有效利用它，問題便順利解決了，整個事情不過是在尋求另一個解決之道罷了。

第四章　張揚個性揮灑創意

有人可能會錯誤地認定，因為猶太教強調歷史和宗教文化，因此是保守的文化，不鼓勵個性和創意。但事實上正好相反，猶太人亞伯拉罕第一個在每一個人都崇拜偶像的時候，破除傳統，宣稱只有一個上帝。雖然他父親開店賣偶像，不過亞伯拉罕無法接受這些偶像擁有任何神力的觀念，因此，他把偶像全部破壞。他是多麼特立獨行，多麼具有獨立的個性！

容許與眾不同的行為

猶太人相信自己有權利，甚至有義務與眾不同。早在亞伯拉罕的血液裡，就為猶太人種下了質疑權威的基因。

有很多跟亞伯拉罕有關的故事，不是寫在《聖經》裡，而是幾十個世紀以來，被人一再傳誦。亞伯拉罕還是小男孩的時候，有一次接待一位想買完美偶像的老年顧客。亞伯拉罕問對方年紀多大，顧客回答說 70 歲了，亞伯拉罕說：「你一定是傻瓜，否則怎麼能夠崇拜比你年輕許多的偶像？這個偶像是昨天才做好的！」

在另外一個故事裡，亞伯拉罕拿著一把斧頭，把父親的所有偶像都劈成碎片，只留下一個最大的偶像。然後，他把斧頭放在這個偶像的手裡。他父親回家後非常生氣，質問亞伯拉罕。亞伯拉罕說最大的偶像把其他的偶像都破壞了，但他父親堅持說：「不可能，因為偶像什麼事情都不會做！」亞伯拉罕便頂嘴回去說：「聽聽你剛才說的話。」

在另一個故事裡，父親命令亞伯拉罕把食物和美酒放在偶像前面，但偶像沒有吃這些食物，亞伯拉罕就說：「他們有嘴巴，卻不會說話；有耳朵卻不會聽；有鼻子，卻不會聞；有手，卻不能拿東西；有腳，卻不會走路。」

亞伯拉罕的所作所為根據法律，他父親必須把他送到主管官署，接受異端的審問。在法庭上，統治者問這個小男孩，「你不知道國王是所有生物、太陽、月亮和星星的真主嗎？你不知道一切都必須聽從他的命令嗎？」亞伯拉罕說：「從開天闢地以來，太陽就從東邊升起，在西方落下。明天請國王陛下命令太陽從西邊升起，從東邊落下，那麼我就會公開宣稱陛下是宇宙的真主。」從這個時候開始，猶太人就一直質疑權威。

《聖經》也引導猶太人相信自己有權利、甚至有義務與眾不同。《聖經》說猶太人是「選民」，「耶和華揀選你們，並非因你們的人數多於別民、力量大於別民，並非因你們在道德心靈或智慧上優於別民，你們並非如此。我揀選你們，是出於我無法得知的意願。」（申命記七：七）

然後耶和華對亞伯拉罕說：「你要確實知道，你的後裔必寄居別人的地，又服侍那地的人。那地的人要苦待他們400年，並且，他們所要服侍的那國，我要懲罰，後來他們必帶著許多財物從那裡出來。」（創世紀十五：十三）

猶太教塑造一種心智結構，容許猶太人言行與眾不同。猶太小孩要學習希伯來文，這是他們宗教教育中的一環。希伯來文是從右向左念的文字，而且使用的字母跟拉丁語系完全不同。這種與眾不同、獨立個性和有別於人的意識，是猶太人擁有強大力量的起源。根據《富比士雜誌》（*Forbes*）美國四百大富之一、專門收購艱困公司的塞爾說：「有人依慣例要你走另一條路的時候，你必須擁有堅決的信念，才能夠逆勢而為。」

猶太人從小孩出生取名字開始，就希望撫養出獨立的小孩。傳統上，猶太小孩不根據活著的親戚名字取名，尤其是不根據父親的名字命名。每個小孩都是自己命運的主宰，不應該活在別人的陰影下。避免用「小」(junior)，在改革派猶太人中，是比較常見的傳統。這些猶太人起源於德國和東歐，在美國猶太人當中占主要部分。這種作法也有迷信的成分在內，就是如果你用活著親戚的名字，就可能奪走他全部的壽命。

有一個著名的例子背離這個傳統，就是小布朗夫曼（Edgar Bronfman Jr）。小布朗夫曼於1994年從父親手中接下海冠公司總裁的職位後，繼續推動多元化經營投資娛樂事業：以104億美元買下寶麗金唱片公司；以57億美元買下美國音樂公司（MCA），還買下時代華納公司和環球影城。

布朗夫曼家族的歷史很有意思，布朗夫曼在意第緒語中的意思是釀酒商，小布朗夫曼的曾祖父愛克爾在1889年，從薩拉比亞移民到加拿大，創立了成功的旅館事業。愛克爾的兒子薩姆爾於1924年創立烈酒生意，附屬在旅館中。就在美國實施禁酒令之前，他用超低的價格，從美國釀酒商手中買下他們剩餘的庫存酒，而為了擺脫這些存貨，薩姆爾用水和焦糖顏料，稀釋這些烈酒，因而創造了混合威士忌酒。1928年，他擴張業務，買下加拿大海冠父子釀酒公司，經營得十分成功。美嚴禁酒期間，海冠公司把酒賣給經銷商，再由經銷商把酒走私到美國。1934年海冠公司推出七冠（Seven Crown）威士忌，最後變成全世界最暢銷的威士忌之一。老布朗夫曼在1971年接下父親的工作，並配合美國飲酒習慣的改變，推出很多新產品，包括琴酒、伏特加、萊姆酒和利口酒。

具有強烈的個人主義

美國總統艾森豪對以色列前總理大衛·本古里安（David Ben Gurion）說：「當1.7億人口的總統很難！」本古里安回答道：「當200萬個總理的總理更難！」

沒有權威，不需要英雄，猶太人之間的關係，猶如行星與行星。

就這麼強而有力的族群而言，猶太人之中沒有一個明顯可見的領袖，的確是很奇怪的現象。美國猶太人沒有像宗教一樣的宗教領袖，也沒有像賈克遜（JesseJackson）牧師一樣的族裔發言人。猶太裔美國人是具有強烈個人主義的，鬆鬆散散地結合在一起，具有強烈的自主意識的一族。費因（LeonardFein）在《前進》（*Forward*）雜誌中提出下面這種看法，「1994年，被提名為美國猶太人領袖的是波拉克，這個名字屬於他是因為他擔任美國猶太人主要組織總裁聯誼會的會長。但只有不到1%的猶太人能夠從一張隨便排列的猶太姓名名單中，挑出波拉克的名字，說自己勉強認識他。」簡單地說，猶太人喜歡自己的領袖，只有在符合自己的利益時，才聽別人的命令。

從猶太人組織開會時必須獲得共識，才能採取行動。費因寫道，「獲得共識的要求產生了議程和談判專家，這些人善於協調，卻不善於採取主動。」即使在猶太教堂裡，控制教堂的人是會眾，猶太教士由教堂僱用，根據會眾的命令做事。費因又說：「有上帝，也有人，上帝和人之間沒有中間人。」照理說，猶太教士應該很有學問，精研《摩西五書》，提供指引和智慧，但是他沒有特別的神聖力量。有些小型的哈西迪教派教會以教士為中心，建立個人的儀式，而且住在相當封閉的社區裡，但他們是例外。一般來說，猶太社區中，比較突出的領袖都是活躍的企業人士，有財力支援組織的優先目標，不管這個目標是促使以色列永垂不朽，還是支持猶太機構中的醫學研究。

從某方面來說，猶太人在結構上類似網路，沒有現成的階級制度，是由個人和獨立組織構成的網路。沒有開始，沒有結束，也沒有交通警察，規則很少，但是力量卻很強大。如果有一枝斷裂，資訊會透過網路的另一部分，成功地傳出去。

猶太人像所有其他族裔一樣，有很多組織負責推動慈善事業、社會進步和教育的功能，每一個組織都獨立行事，有自己的優先任務，只有在危機時刻，猶太族裔遭到考驗時，才會動員起來。在壓倒性的共識下，猶太人的行動非常團結。

契約也是一種商品

在猶太人的商業法則裡，公司是商品，契約也可以當作商品。出售契約有什麼好處呢？契約本是商談雙方簽訂的約定，是規定雙方必須履行的責任和所享受的權利。這是雙方的事。銷售契約，是把這些能享受的權利，連同必須履行的責任一起讓給第三者，條件是第三者得付出一定的價錢。賣契約的人相當於一個坐享其成的人，他不需要經營業務，也不需要履行契約中所指定的責任，不費力氣地賺取了其中的利潤。這對於會賺錢的猶太人來說，何樂而不為呢？

因此，只要他們覺得買賣雙方的條件都能接受時，他們就十分樂意地把契約賣了！

有人要賣，當然必須有人想買，方能成交易。在自然界中，事物都有對立的雙方存在，所以世界才是如今的一個平衡體。打破了平衡，世界將是一片混亂。所以說，買、賣是同時存在的，它們構成了一個平衡體。

因此，有賣契約者，必然存在買契約者。猶太人專門收買契約，買了契約後，代替賣契約者履行契約，從中賺取利潤，達到賺錢的目的。當然，他們所收買的契約，僅限於他們的確認為有信用而信得過的商人。

我們所說的「代理商」就是指這種靠買契約而穩賺利潤的人，在猶太人的原稱中是「販克特」（譯成中文叫「掮客」）。他們不能直接進行商談，不能參加契約簽訂，所以很難全面了解對方的實情。在購買契約時，他們只能採取比較保守的做法，只買信譽好的商人的契約。因為萬一購買的是不履行契約的商人的契約時，付出的代價將是巨大的，他們不願意冒這種險。這樣的事也曾經發生過。「代理商」貿然購買一位不甚熟悉的商人的契約，結果契約的對方不太遵守契約，常常發生不履行債務之事，代理商只好忙於要求賠償，賠進大量的時間和精力，甚至可能賠進大量的資金。所以，代理商們通常不敢貿然涉足其境。

在商界，隨處可見「販克特」，特別是在證券交易場所尤其多。現在的貿易商，或大或小都和「販克特」有接觸，世界各地都如此。

在日本，雖然對契約的履行不像猶太人似的嚴格遵守，可是商界中與「販克特」的連繫比較密切，特別是一些大的廠商或公司，尤其是派往海外的商社代表們，幾乎都和「販克特」有來往。

猶太人的「販克特」是走遍世界的，他們通常都瞄準一些信得過的大公司或大廠商。日本藤田先生的公司就與「販克特」常有來往。

「您好，藤田先生，現在您做什麼生意？」猶太「販克特」常常會問。

「嗯！剛好和紐約的高級女用皮鞋商，簽好輸入 10 萬美元的契約。」

「哇！正好，可否將此權利讓給我？給您兩成的現金利潤。」

雙方有意，於是一樁「契約」的買賣很快便成交了。藤田先生不費吹灰之力，取得兩成現金利潤，猶太「販克特」也因此獲得女用皮鞋輸入權利，再從皮鞋銷售中獲取更多的利潤。交易的結果，雙方都笑容滿面。這也就是「販克特」的快速生意，猶如「快刀斬亂麻」。

當他們雙方交易拍定後，「販克特」手持契約馬上飛往紐約那家皮鞋公司，宣稱 10 萬美元輸入的權利是屬於他的了。他們這麼做的好處是不用直接參加契約的簽訂，而是直接用錢購買自己需要的契約。

當然，做契約買賣需非常小心謹慎，它要求「販克特」們要有敏銳的洞察力，以免上當受騙。猶太人驚人的心算速度，淵博的知識，深邃的理解力，決定了他們是天才的「販克特」。

對「薄利多銷」說不

當許多商人還在烈日與泥濘中為一元的利潤奔波時，猶太商人正衣著光鮮地手握香檳，為三元的利潤進了口袋而慶功。

在許多商人將「薄利多銷」視為商戰祕訣時，猶太人不屑地偷笑。猶太人有一條經商要訣——「厚利適銷」。古今做生意的都推行「薄利多銷」的經營法則，而且事實證明，這種經營法科學而可行。但是，猶太商人自有一種與眾不同的招數。他們對薄利多銷的買賣毫無興趣，卻對厚利適銷的生意興趣盎然。猶太商人認為，進行薄利競爭，即如同把脖子套上絞索，愚蠢之至。他們還認為，同行之間開展薄利多銷競爭，是可以理解的。但在考慮低價的銷售前，為什麼不著眼於多獲一點利呢？如果大家都相互以低價促銷，廠商不就難以維持經營了嗎？

猶太商人認為：在靈活多變的行銷策略中，為什麼不採取「厚利適銷」的策略？賣三件商品所得的利潤只等於賣出一件商品的利潤，這是事倍功半的做法。上策是經營出售一件商品，應得一件商品的利潤，這樣既可省了各種經營費用，還可保持市場的穩定性，並很快可以按適價賣出另外兩件商品。而以低價一下賣了三件商品，市場已飽和了，你想多銷也無人問津了，利潤起碼比高價出售者少了很多，並毀了市場後勁。

猶太商人在經營活動中除了堅持厚利適銷的做法外，為了避免和其他商人的「薄利多銷」衝擊，他們寧願經營昂貴的消費品，也不經營低價的商品。因此，世界上經營珠寶、鑽石等首飾的商人中，猶太人居多。猶太商人之所以多選擇這個行業，顯然是希望避開那些薄利多銷的競爭者，因為這些競爭者通常沒有資本或力量經營首飾類資本密集型商品。

猶太商人的「厚利適銷」行銷策略，是以有錢人作為著眼點的。名貴的珠寶、鑽石、金飾，一擲千金，只有富裕者才買得起。既然是富裕者，他們付得起，又講究身分，對價格就不會那麼計較。相反，如果商品定價過低，反而會使他們產生懷疑。俗語說「價賤無好貨」，對於這句話富有者印象最深。猶太商人就是這樣抓住消費者的心理，開展厚利策略經營，即使經營非珠寶、非鑽石首飾商品，也是以高價厚利策略行銷，如美國最大的百貨公司之一梅西百貨公司，它出售的日用百貨品總比其他一般商店同類商品價高50%，它的生意仍比別人要好，其中難免有上述的心理效應。

猶太商人的厚利行銷策略，表面上從富有者著眼，事實上是一種巧妙的生意經。講究身分、崇尚富有的心理在西方社會乃至東方社會，比比皆是。在富貴階層流行的東西，很快就會在中下層社會流行起來。據猶太人統計和分析，在富有階層流行的商品，通常在兩年左右時間就會在中下層社會流行開來。道理很簡單，介於富裕階層與下層社會之間的中等收入人士，總想進入富裕階層，為了滿足心理的需求或出於面子原因，總要向富裕者看齊。為此，他們也購買時髦的高貴商品。而下層社會的人士，往往力不從心，價格昂貴的產品消費不起，但崇尚心理作用總會驅使一些愛慕富貴的人行動，他們也不惜代價而購買。這樣的連鎖反應，使昂貴的商品也成為社會流行品，如金銀珠寶首飾現在不是成為各階層婦女的寵物嗎？彩色電視、音響等原來屬高貴產品，現在也進入了平民百姓家庭；小轎車也成為大眾的消費品。可見，猶太商人的「厚利適銷」策略也是緊盯著全社會的大市場的。

以現代經營的理念來看，猶太人的「厚利適銷」其實是一個產品定位的問題。在選擇目標顧客時，你可以選擇低端的市場，也可以選擇高端的市場。當多數商人為一塊錢利潤而奔波吆喝時，猶太商人悠閒地做著三塊錢利潤的生意。

靈活善借

為什麼那麼多猶太富翁能夠白手起家？因為他們深諳取長補短、借力使力的訣竅。一個人的能量畢竟太小，但若能借助外界的力量，其能量則不可估量了。

做生意或投資都免不了資金的流入流出，手上銀根緊時，高財商的人選擇借或貸都是再正常不過的事了。現在許多人心目中，欠債依然是一件很不光彩的事情。當一個猶太人正在為借到了一大筆錢而興高采烈時，在地球的另一邊，一個家庭可能正在為借不借錢而煩惱。

這個陳舊的觀念應該徹底改變了。在市場經濟的大潮中，「負債」經營已經成了一種再自然不過的事了。從生產、消費直到國家的經濟行為，無不用負債方式，或者說靠負債支持。在發達的國家，幾乎再也見不到個人掏腰包投資企業的事情了。企業的資金籌集，幾乎都是靠負債的方式。企業在市場發行債券，籌集資金用於生產，是企業對債券持有人的負債。利用債券籌資，是負債經營最明顯的形式。企業還可以從銀行獲得貸款，這是企業對銀行的負債，而銀行的錢又來自客戶的存款，這又是銀行對客戶的負債。可見，用負債的辦法來進行生產並不令人奇怪，恰恰是不負債才令人奇怪。

你想一想，靠你的薪資收入一分錢一分錢存生意本錢，不僅時間漫長，而且也很容易錯過機會。所以，在進行艱苦的原始資本累積的同時，還應該善於借用別人的錢來為自己賺錢，在今天，最聰明的做法是借銀行的錢。因為，銀行到處都有，並且它們都有十分充足的資金供你借用。

遺憾的是，能賺錢的人不少，但善用銀行的貸款賺錢的人卻不多。

銀行的錢，存與貸都要計息。存與貸之間的利息差額就是銀行的利潤和生存錢，所以不少商人就為歸還銀行貸款利息，整天自嘲地說：「在幫銀行打工。」其實這是一種極大的誤解。為什麼？因為靠自己的原始累積做生意，只能一步一頓地往前爬行，成不了大氣候；善用債務作槓桿，生意才能有大的發展。借用銀行的錢賺錢，不僅僅是用來買賣周轉，最重要的是借銀行的錢去投資。而能借到銀行的大筆資金去投資的人絕對要有信用。沒有信譽度的人是不可能借到銀行一分錢的。

白手起家的猶太富豪阿克森，原是一位律師，他的財商高過常人。有一天，他突發奇想，要借用銀行的錢來賺大錢。於是，他走進鄰近街面的一家銀行大門。他很快找到銀行的借貸部經理，說要借一筆錢修繕律師事務所。由於他在銀行裡人際好，關係好，因此，當他走出銀行大門的時候，手裡已經有了 1 萬美元的支票。

阿克森一走出這家銀行，緊接著進了另一家銀行。在那裡，他存進了剛才借到手的 1 萬美元。這一切總共才花了 1 個小時。看看天色還早，阿克森又走進了第三家銀行，重複了剛才發生的那一幕。這兩筆共 2 萬美元的借款利息，用他的存款利息充頂，大體上也差不了多少。過了幾個月之後，阿克森就把存款取出來還債。此後，阿克森在更多的銀行玩弄這種短期借貸和提前還債的把戲，而且數額越來越大。不到一年光景，阿克森的銀行信用已經「十足可靠」，憑他的一紙簽條，就能借出10萬美元以上。他用貸來的錢買下了費城一家瀕臨倒閉的公司，幾年之後，阿克森成了費城一家出版公司的大老闆，擁有 1.5 億美元的資產。

可見，用智慧可以增加信譽，信譽高了就可以借錢，可以作銀行的「雇主」，可以讓銀行為自己打工。

與猶太商人洛維格相比，世界船王亞里斯多德・歐納西斯（Aristotle Onassis）只能是大海中的小水滴。洛維格擁有當時世界上噸位最大最多的油輪；另外，他還兼營旅遊，房地產和自然資源開發等行業。

洛維格第一次做的生意只是一艘船的生意。

他把一艘別人擱置很久沉入海底的長約 26 英尺的柴油機動船（power-boat）很費力地讓別人打撈出來，然後用了 4 個月的時間將它維修好，並將船承包給別人，自己從中獲利 50 美元。這使他很高興，也很高興父親能借錢給他，他明白了借貸對於一貧如洗的人創業是多麼重要。

可是，青年時期的他在業界碰來碰去，總是債務纏身，屢屢有破產的危機，他也始終沒有跳出平常的思維，達到一種有希望的新境界。就在洛維格行將進入而立之年時，靈感爆發了。

他找了幾家紐約銀行，希望他們能貸款給他買條一般規格水準的舊貨輪，他準備動手把它安裝改造成賺錢較多的油輪，但是卻一一遭到了拒絕，理由是他沒有可資擔保的東西。面對著一次次的失望，洛維格並不氣餒，而是有了一個不合常規的想法。

洛維格有一艘僅僅能航行的老油輪，他將這條油輪以低廉的價格包租給一家石油公司。然後他去找銀行經理，告訴他們自己有一條被石油公司包租的油輪，租金可每月由石油公司直接撥入銀行來抵付貸款的本息。經過幾番周折，紐約大通銀行終於答應借貸給他。

儘管洛維格並無擔保物，但是石油公司卻有著很好的效益，其潛力很大，除非天災人禍，否則石油公司的租金一定會按時入帳。此外，洛維格的計算非常周密，石油公司的租金剛好可以抵償他銀行貸款的利息。這種奇異而超常的思維儘管有些荒誕，但卻使洛維格敲開了財富的大門。

洛維格拿到了貸款就去買下他想買的貨輪，然後動手將貨輪加以改裝，使之成為一條航運能力較強的油輪。他利用了新油輪，採取同樣的方式，把油輪包租出去，然後以包租金抵押，再貸到一筆款，然後又去買船。周而復始，像神話一樣，他的船越來越多，而他每還清一筆貸款，一艘油輪便歸在了他的名下。隨著貸款的還清，那些包租船全部歸他所有。

洛維格的成功，最關鍵的地方在於他找到了一種巧借別人的「勢」來壯大自己的妙策。一方面，他將船租給石油公司，這樣他就有了與這家石油公司開展業務往來的背景。有這樣一家石油公司來襯托他，況且每日租金可直接抵付利息，銀行當然樂意將錢貸給他了。另一方面，他用從銀行借來的錢再去買更好的貨輪，然後再租給石油公司，然後又貸款。從這一點上講，他又成功巧妙地利用借來的錢壯大了自己的「勢」，如此往復，借的錢越多，租出去的船也就越多，而租出去的船越多，其「勢」就越壯大，而「勢」越壯大，就可以獲得更多的錢。

猶太人不論在商界、政界，還是在科技界的成功者，都是善借別人之「勢」，巧借別人之「智」的高手。如美國前國務卿季辛吉，且不說其在外交方面的政治手腕，就說他處理白宮內的事務工作，就是一位典型巧於借用別人力量和智慧的能手。他有一個慣例，凡是下級呈報來的工作方案或議案，他先不看，壓它3天後，把提出方案或議案的人叫來，問他：「這是你最成熟的方案（議案）嗎？」對方思考一下，通常不敢肯定是最成熟的，只好答說：「也許還有不足之處。」季辛吉就會叫他拿回去再思考和修改得完善些。

過了一些時間後，提案者再次送來修改過的方案（議案），此時季辛吉把它看完了，然後問對方：「這是你最好的方案嗎？還有沒有別的比這方案更好的辦法？」這又使提案者陷入更深層次思考，把方案拿回去再研究。就是這樣反覆讓別人深入思考研究，用盡最佳的智慧，達到自己所需要的目的，這不愧為猶太人季辛吉的一手高招，這也反映出猶太人善借別人的力量為自己服務的大智慧。

總而言之，猶太人借勢操作是經商的一大訣竅。借助別人的力量使自己的能力發揮最大效果是成功的捷徑，善於拜訪比自己有智慧的人可以使自己立於不敗之地。

合理避稅

該繳的稅一分不少，能避的稅一點不含糊。

猶太商人有句經商格言就是：「絕不偷稅漏稅。」對於猶太商人來說，偷稅漏稅不僅違背經商之道，也是自己的一種恥辱。

猶太商人為什麼以偷稅漏稅為恥辱呢？

原來，猶太人認為繳稅也是和國家訂的一種契約，既然是契約就要履行，偷稅漏稅也就是一種違約，違約是猶太商人最討厭的。此外，猶太民族的長期流散，到處受迫害受歧視，要想生存，必須保證向居住國繳稅。繳稅在他們的血脈中成了生存的一種必需。

千百年來，猶太人之所以贏得良好的信譽，並成為世界第一商人，和「絕不偷稅漏稅」很有關係。

正因如此，猶太商人在做生意時，要反覆計算該筆生意是否划算，尤其是計算扣除各種費用和稅金之後的純利潤。一般人通常說賺了 50 萬，那其中一定包括稅金在內，猶太人則不然，賺了 50 萬就是指 50 萬的淨利，包括稅金在內的話，可能是 70~80 萬。

任何一個商人都希望多賺錢，少繳稅，猶太人也不例外。但猶太人為自己減輕稅金的辦法是非常巧妙的。

合理避稅是指在尊重稅法、依法納稅的前提下，納稅人採取適當的手段對納稅義務的規避，減少稅務上的支出。合理避稅並不是逃稅漏稅，而是正常合法的活動；合理避稅不僅僅是財務部門的事，還需要市場、商務等各個部門的合作，從合約簽訂、款項收付等各個方面入手。

避稅是企業在遵守稅法、依法納稅的前提下，以對法律和稅收的詳盡研究為基礎，對現有稅法規定的不同稅率、不同納稅方式的靈活利用，使企業創造的利潤有更多的部分合法留歸企業。它如同法庭上的辯護律師，在法律規定範圍內，最大限度地保護當事人的合法權益。避稅是合法的，是企業應有的經濟權利。必須強調一點：合法規避稅收與偷稅、漏稅以及弄虛作假鑽稅法漏洞有質的區別。

顛覆規則，倒用法律

如果說規則與法律是一張規範人們行為的網，那麼猶太商人則是網裡那條最小、最滑的泥鰍。

據說有一位猶太富商，想把價值 50 萬美元的股票和債券放在銀行的保險箱裡安全地保管，又不想出一筆不小的保管費，便將這些股票和債券以抵押的方式從一家銀行貸了 1 美元。也就是說，猶太商人每年只要付少得極為可憐的 1 美元的利息，銀行就必須替其妥善保管好價值 50 萬美元的股票和債務。

按常理，貴重物品應存放在自家的保險箱裡，對許多人來說，這是唯一的選擇。但猶太商人沒有囿於常情常理，而是另闢蹊徑，找到讓證券鎖進銀行保險箱的辦法。從可靠、保險的角度來看，兩者確實是沒有多大區別的，除了收費不同之外。而且這可能比存自家保險箱更保險，因為，自家保險箱也可能被別人盜走，或者被別人知悉密碼，而放到銀行的保險箱是絕對安全的，而且出問題的話，還有銀行來負責。

人們之所以進行抵押，大多是為借款，並總是希望以盡少的抵押物爭取盡可能多的借款。而銀行為了保證放貸的安全或有利，從不允許借款額接近抵押物的實際價值。所以，一般只有關於借款額上限的規定，其下限根本不用規定，因為這是借款者自己就會管好的問題。

然而，就是這個銀行近似於滴水不漏的規則，被猶太人顛覆了：猶太人是為抵押而借款的，借款利息是他不得不付出的「保管費」，既然現在對借款額下限沒有明確的規定，猶太商人當然可以只借 1 美元，從而將「保管費」降低至很低的水準。

透過這種方式，銀行在 1 美元借款上幾乎無利可圖，而原先可由利息或罰沒抵押物上獲得的抵押物保管費一年也只區區幾美分，純粹成了為猶太商人義務服務，且責任重大。

這個故事的真實性不高，但也說明了猶太商人們對於規則勇於顛覆的膽量，以及善於顛覆的眼光。

事實上，不僅是一般的規律，就是嚴密的法律，猶太人也勇於「倒用」。

倒用法律賺錢是猶太人外匯買賣的絕活。作為「契約之民」的猶太人，居然在遵守契約的前提下，憑著自己的智慧和謀略極為理性地賺取金錢。

1971 年 8 月 16 日，美國總統尼克森發表了保護美元的聲明。精明的猶太金融家和商人立刻意識到，美國政府此舉是針對與美國有巨大貿易順差的日本。猶太人又從情報中獲悉，美國與日本就此問題曾多次談判。一切的跡象顯示：日元將要升值。更令人吃驚的是，這個結論不是在尼克森總統發表聲明後而是在半年前得出的。

眾多的猶太金融家和商人根據準確的分析結論，在別人尚未覺察之時，開展一場大規模的「賣」錢活動，把大量美元賣給日本。據日本財政部調查報告，1970 年 8 月，日本外匯存底額僅 35 億美元，而 1970 年 10 月起，外匯儲備額以每月 2 億美元的增加速度在上升。這與日本出口貿易發展有關，當時日本的電晶體收音機、彩色電視機及汽車生意十分興隆。但美國猶太人已開始漸漸向日本出「賣」美元了。到 1971 年 2 月，日本外匯儲備額增加的幅度更大，先是每月增加 3 億美元，到 5 月竟增加 15 億美元，當時日本政府還蒙在鼓裡，其新聞界還把本國外匯儲備的迅速增加宣傳為「日本人勤勞節儉的結果」，似乎日本各界人士尚未發現這種反常現象正是美國猶太人「賣」錢到日本的結果。

在尼克森總統發表聲明的 1971 年 8 月前後，美國猶太人賣美元的活動幾乎達到了瘋狂程度，僅 8 月這 1 個月，日本的外匯儲備額就增加了 46 億美元，而日本戰後 25 年間總流入量僅 35 億美元。

1971 年 8 月下旬，也就是尼克森總統發表聲明 10 天後，日本政府才發現外匯儲備劇增的原因。儘管日本政府立刻採取了相對的措施，但一切都已晚了。美國猶太人預料的事情發生了：日元大幅度升值。日本此時的外匯儲備已達到 129 億美元。後來日本金融界算了個帳，美國猶太人在這段時間拿出 1 美元，便可買到 360 日元（當時匯率）；日元升值後，1 美元只能買 308 日元。也就是說，日本人從美國猶太人手裡每買進 1 美元，便虧掉 52 日元，美國猶太人卻賺了 52 日元。在這幾個月的「賣」錢貿易中，日本虧掉 6,000 多億日元（折合美元 20 多億），而美國猶太人卻賺了 20 多億美元。

日本有嚴格的外匯管理制度，猶太人想靠在外匯市場上搞投機活動是根本不可能的，但日本大蝕本卻是真實存在的。此外，美國猶太人如此異常的大舉動，日本人為何遲遲未曾發覺呢？猶太人又是如何得手的呢？這就涉及有「守法民族」之稱的猶太民族依法律的形式鑽法規的空子、倒用法律的高超妙處。這恐怕也只有受過「專業薰陶」的猶太民族才能表演此法。

從1971年10月起，日本外匯儲備額以每月2億美元的增加速度在上升，而這正是日本的電晶體電子及汽車出口貿易十分興隆的結果，這個增加速度是很正常的。

在日本自己看來，日本的外匯預付制度是非常嚴密的，但猶太人卻看出了它有大漏洞。外匯預付制度是日本政府在戰後特別需要外匯時期頒布的。根據此項條例，對於已簽訂出口合約的廠商，政府提前付給外匯，以資鼓勵；同時，該條例中還有一條規定，即允許解除合約。

猶太人正是利用外匯預付和解除合約這一手段，堂而皇之地將美元賣進了實行封鎖的日本外匯市場。

美國猶太人採取的方法事實上很簡單，他們先與日本出口商簽訂貿易合約，充分利用外匯預付款的規定，將美元折算成日元，付給日本商人。這時猶太人還談不上賺錢。然後等待時機，等到日元升值，再以解除合約方式，讓日本商人再把日元折算成美元還給他們。這一進一出兩次折算，利用日元升值的差價，便可以穩賺大錢。

從這則「日本人大蝕本」的事例中，不難看出猶太人成功的經營思路在於「倒用」了日本的法律，將日本政府為促進貿易而允許預付款和解除合約的規定，轉為爭取預付款和解除合約來做一筆虛假的生意。這樣，日本政府卻只能限於自己的法律而眼睜睜地看著猶太人在客觀的形式上絕對合法地賺取了他主觀上絕對不認為合理的利潤。

創意何來

創意不是天上掉下來的恩物，而是源自地上，植根於泥土，發揚於生活。

人的創意像一粒種子，在醞釀未成熟的階段時，是那麼平凡毫不顯眼，但把它放在合適的「泥土」裡，加入「養分」和「水」，讓「陽光」照耀著它，它就會發芽成長，成為動搖世界、影響眾生、造福萬物的神奇力量。

沒有一個產業像玩具工業這樣需要徹頭徹尾的創意。要抓住小孩子的注意力和期望確實很困難，表面看來，在玩具工業中很有趣，實際上競爭卻非常激烈。只要你一有什麼絕妙的點子，就有幾十家廠商緊盯著，準備模仿，等你有了足夠的存貨，可以應付熱門產品的需求時，熱潮已經消退，讓你留下一倉庫的過時產品。

猶太人深入參與玩具產業的所有層面，從發明到製造和零售，猶太人無所不在。年銷售 160 億美元的美國玩具產業有兩大廠商，最大的美泰兒（Mattel）公司，市場占有率為 19%，其次是孩之寶（Hasbro）公司，市場占有率為 12%，兩家公司都是由猶太人企業家創立。遙遙落在後面的第三大公司是小泰克（Little Tykes）公司，市場占有率只有 2.8%，然後是很多其他小廠商。要是有一家廠商從默默無聞中開始出人頭地，兩大廠商就會把他們吞下去。

美泰兒公司由韓特勒夫婦創立。1939 年，韓特勒夫婦創設了一家小小的玩具公司，生產小飾品。為了擴大產品範圍，韓特勒夫婦跟梅森結合。梅森生產木框、洋娃娃家具和其他玩具。

1955 年，美泰兒公司推出一種大受歡迎的產品 —— 玩具衝鋒槍，業務開始突飛猛進。次年，韓特勒太太在瑞士的櫥窗裡，看到一個叫莉莉的洋娃娃後，就提出一個構想，銷售有胸部的洋娃娃。在當時的美國，小孩子的洋娃娃沒有明顯的胸部或曲線。在 1950 年代末期的保守風氣中，韓特勒夫婦推出行銷攻勢，宣傳芭比可以讓小女孩做好準備，成為真正的淑女，教導她們如何穿衣服和化妝。否則的話，芭比一定會被視為傷風敗俗的玩意。芭比是根據韓特勒的女兒命名，後來又增加了芭比的朋友肯恩，是根據他們的兒子命名。芭比娃娃和美泰公司就此誕生。

猶太人認為，每一個人都需要培養創造性的態度，接納新觀念，嘗試新事物，用新方法思考。以下有一些訣竅，可以鼓勵創意、個人特性和開放的心胸。

不理會否定的句子和沒有意義的規則

否定的句子是新觀念的大敵，成功的構想一定是好的構想，一定會適當地呈現出來，才能被人採用或實施。然而，很多人用否定的句子，阻止新觀念的出現。

- 很好，可是……
- 我們以前就試過……
- 不要破壞現狀。
- 用文字寫下來。
- 我們堅持有效的方法。
- 我待會再跟你談。
- 這不是你的責任。

最糟糕的否定句來自我們自己，我們懷疑自己嘗試新事物的能力，因此我們毫無作為；我們藉口資源不足，因此毫無作為；我們拖拖拉拉，所以毫無作為；我們害怕新構想可能引起什麼反應，所以毫無作為。更讓人氣餒的是，老是想到「如果構想成功，我能夠應付嗎？」

猶太人總是破壞現狀。因為擁有局外人的心態，讓猶太人可以在主流之外運作，創造新構想、新發明和新事業。想要有不同的結果，一定要採取不同的行動。一定要記住，瘋狂的定義是一再做同樣的事情，卻期望有不同的結果。

挑戰普遍被人接受的想法

還記得前面提到的那家玩具公司嗎？他們認為小男孩不會玩洋娃娃，小女孩想當媽媽，只想擁有嬰兒洋娃娃，好照顧和餵這些洋娃娃。如果堅持這種先入為主之見，孩之寶公司的美國大兵和美泰兒公司的芭比今天就不會存在。先入為主的想法妨礙創意，就像否定的字句一樣。先入為主的想法最好的地方，是每個人都遵守這種想法，要是這種想法的結果是錯誤的，你就會變成唯一追尋新產品或新方法的人。

突破經常違逆歷史，以前大家認為，消化性潰瘍是過多的胃酸造成的，但是後來證實潰瘍的成因是幽門螺旋桿菌，胃酸只是病症之一。但是醫生要經過很多年才接受這種病因，因為舊有的想法十分根深蒂固。根據1997年美國國家疾病防治中心的研究，所有的醫生中，有一半的人繼續用制酸劑治療潰瘍。華盛頓大學內分泌學家賀希指出，「重大的醫學突破出現時，大約要花10年時間，才能改變醫生行醫的方式。」

有一個方法很適於訓練創造力，就是逆向思考。如果你希望改進什麼東西，想想看你要怎麼做，才能把事情真正搞砸，這樣才有可能產生很有生命力的新觀點！

先入為主的想法會排除可能的解決方案，妨礙解決問題和產生新構想。哈佛大學商學院的一個案例研究中，有一個案例是：冰塊保溫器廠商碰到問題，需要新設一座製造廠。這家公司的工廠設在喬治亞州，每次把產品運到西部給顧客時，經常會因為長途運輸而受損。因此學生拿到一系列的事實和資料，顯示新工廠最適於設置的地方，所有的事實都讓學生認定，必須蓋一座新工廠，才能解決問題。實際上，冰塊保溫器或許只需要在運輸時改善包裝就可以了。發明小兒麻痺疫苗的沙克（Jonas Edward Salk）說過，「找出正確的問題，不必找出答案，你自然而然就會把答案揭露出來。」

善於模仿

蘭黛曾經說過，「對別人的構想有興趣，目的是要說我們可以做得更好，這樣不是模仿。創新不表示每次都要有像發明輪子這麼重大的發明，用全新的方法看舊有的事情，也是創新。」

好的新構想不見得一定要有革命性，也可能是漸進的改善，或是借用其他行業的好構想，運用在另一種產業中。蘭黛女士發現，食品廠商推出新產品時，都發放免費樣品，讓大家試吃，她認為，如果你把產品放在顧客手中，若產品真的很好，就會替自己宣傳。她在 1946 年向新顧客推出新化妝品時，發放大量免費樣品，而且實施「買就送」，獲得重大突破。這種方法現在已經很常見，但是當時在化妝品業，卻是革命性的行動。1999 年蘭黛的財產有 81 億美元，目前公司仍然由她的兩個兒子負責。

了解時事和趨勢

猶太人大量閱讀，閱讀是一種享受，也可以提供資訊，讓你了解世界大事，找到自己的路。《華爾街日報》（*The Wall Street Journal*）和《紐約時報》（*The New York Times*）當然是很好的報紙，但是大多數美國人都看比較主流的報刊。《今日美國報》（*USA Today*）的好處是，可以很快瀏覽新聞摘要，了解通俗文化。《國家詢問報》（*National Enquirer*）是美國發行量最大的報紙，可以讓你了解美國人真正有興趣的東西是什麼、他們購買什麼、希望擁有什麼東西。到本地的超級書城去，看看雜誌架上的東西，產品目錄也很有啟發性。想了解特定產業的資訊，可以參加相關同業工會的年度產業展覽。

看到特別有興趣的東西時，可以剪下存文件，供未來參考。我不是建議要詳細地分類文件，只是放在普通的盒子裡，用卷宗分成幾大類。新趨勢和機會並非總是很明確，一件事情或個人經驗似乎毫不相關。未來卻可能會跟你剪下來的剪報關係密切。例如某一天，你剪下一篇跟猶太億萬富翁有關的文章，隔天正好看最新的森菲德秀，於是想到可以寫一本猶太人成功的書。

安排利於創造新構想的家庭環境

好的構想很寶貴，可是很多構想稍縱即逝。好構想出現時，要準備好牢牢抓住。你想出越多，越可能發展出絕佳的構想。

了解自己一天當中最有創造力的時段，在什麼情況下最有創造力？你的思路最敏捷的時候，是在洗澡時？通勤時？運動時？還是購物時？

夢是現實和幻想的混合，經常包含很寶貴的創造性思想，以下是記住夢的三個基本方法：

- 睡覺時告訴自己，你希望記得自己的夢。
- 醒來時，閉著眼睛一分鐘，設法回憶你的夢。
- 床邊放著紙筆，方便立刻記下傑出的想法、形象和夢。

構想出現時，抓住構想很重要。如果你洗澡時是靈感湧現的天才，最好隨時準備好油性筆和寫字板；如果購物是你的靈感來源，記得帶一本小小的口袋型記事本或小型答錄機。

思索構想時要自由自在，不要過濾，過濾是創造的下一階段。先想出構想，再評估是否可行，是否合乎經濟效益，盡量讓思索構想的過程自由自在、隨心所欲，以後再做批評、比較，這樣可以找到更多有創意和有新意的構想。

很重要的是，光是思考還不夠，你必須不斷追蹤好構想的進展。美國電訊科訊公司創辦人塔科曼說得最有道理，「社會上有太多的人注重開始，我卻注重結束。我希望看到事情做好，獲得圓滿的感覺。如果有一個構想不斷地在我的腦海裡打轉，我上床時想到它，醒來時想到它，洗澡水沖在我背部時也想到它，那麼我會去把這件事做好。」

「空手道」大師

別人的生意是從小到大，本利一步一步向前滾雪球，逐漸壯大。孔菲德不同，他用「空手道」進入華爾街。

孔菲德大學畢業後，漂泊不定地換了很多工作。他未來的路不十分明確。其間，他加入費城一個猶太人社會文化組織，擔任青年顧問的職位。

1954 年，孔菲德告別了費城，隻身漂泊到了紐約，找了一份「互助基金」推銷員的工作。互助基金這一行，在戰後拚命地擴展，成為一個繁榮的市場，他們到處搜羅推銷員。在街上，幾乎任何會講英語和會笑的人，都在他們歡迎之列。召來後，加以短期培訓，就出去推銷基金股票了。孔菲德就這樣糊里糊塗地開始了他一生的大業。

互助基金一般由股東提供，股東將這筆資金集中起來，然後投資於股票，這比自己玩股票要保險得多。就個人來說，誰能看透變化莫測、瞬息萬變的股市呢？

在股市的風潮中，有的人一夜之間可以成為百萬富翁，而有的人卻頃刻之間就傾家蕩產。可是，如果投資互助基金，小額投資人就可以透過基金買到更多種類的股票，同時也可以由所謂「職業性財務專家」代為經營。

推銷員的佣金是從投資人資金中提取的，因而孔菲德在受訓時，他的推銷員老師告訴他不管股票行情如何變化，即便是顧客們賠錢，對於推銷員來說也沒有什麼大關係，只要你多爭取一份佣金，這是顯而易見的。

孔菲德最初的老闆是紐約一家投資者計畫公司（後來這家公司為孔菲德所擁有的公司所收購），孔菲德並不想長期做推銷員生意，這對他來說只是一個跳板。

野心勃勃的孔菲德並不甘心於做一名小小的推銷員，因此，工作之餘，他花了很多時間去研究基金的財務組織和管理。不久他發現：互助基金猶如一座「金字塔」，金字塔的最底層是基層推銷員，往上是推銷主任，再往上是地區和全國性的高級推銷員，而高高在上的當然是互助基金的經理們。凡上面的一層均有從其屬下的佣金中提成的權力。

聰明的孔菲德看到了推銷員這一領域外更廣闊的「天地」。他覺得自己羽翼漸豐，應該衝破現有環境的束縛，到更廣闊的天地去闖一闖。

1955 年，經公司允許，孔菲德自費去了巴黎，當時歐洲許多國家政府禁止本國公民購買美國的互助基金股票，以免本國資本以這種方式流向美國。看來向歐洲公民推銷股票這條路已行不通了。

經過觀察，孔菲德發現了歐洲這個禁區中的「新大陸」——美國的僑民市場。當時的歐洲各國到處都有美國的駐軍、外交官和商人，他們大部分都在此已居留相當時間，因此都是攜眷前往。他們的薪資都漸漸地進入了歐洲的經濟圈子。歐洲的經濟正在成長漸致富足，但和戰後美國的經濟繁榮情況比較，相去甚遠。這些美僑有很多餘錢，他們有很多人都讀到關於華爾街空前繁榮的報告，但由於遠居異國，又沒有一條方便之路可以讓他們將資金投於美國股票市場上。而今，孔菲德的出現，正好與僑民的願望不謀而合，真乃是天賜良機。

於是，孔菲德經過廣泛遊說，賣出了很多投資者計畫公司的股票，為公司和他本人贏得了巨額利潤。

孔菲德贏得了聲譽，向他投資的人漸漸增多，他想這足以證明在海外存在著一個而富足的市場。當然，這種市場就目前而言，還是潛在的，還需要去開拓。至此，孔菲德野心勃勃，他現在已不再滿足於從前的投資者計畫公司了。

這時，孔菲德注意到了一家新的公司 —— 垂法斯基金公司。

這家公司當時的基金股票銷路很好，比投資者計畫公司擁有更廣闊的市場。於是他毅然做出決定，脫離投資者計畫公司，加入更有名氣的垂法斯公司。

隨後，孔菲德寫信給垂法斯基金公司，談論了他發現的歐洲市場情況，並提出了一個快速開發統計報告，要求垂法斯委派他擔任歐洲總代理。

這一建議很快送到了垂法斯的高層決策群中，他們反覆研究討論之後，一致認為這項計畫對垂法斯的發展非常有利，如果成功就可以擴大經營範圍，打開國際市場的局面。於是孔菲德的要求很快就被答應了。

不久，孔菲德成立了自己的銷售公司，並為它取了一個響亮的名字 —— 投資者海外服務公司（簡稱 IOS）。

開始時他自己一個人推銷垂法斯股票，然後他招聘了許多推銷員，這種安排是互助基金的標準組織方式：孔菲德可以從每一個推銷員的每筆交易中提取 1/5 的佣金。

隨著推銷員隊伍的繼續壯大，孔菲德從佣金提成的收入頗高，他已無須自己親自去推銷了，開始專心於訓練新的推銷員，健全他的代理機構並開拓更廣闊的基金市場。

IOS 以驚人的速度成長著，到 1950 年代末，它已擁有 100 個推銷員，他們的足跡踏遍世界各大洲的許多國家。孔菲德的推銷員隊伍壯大到他一個人難以控制的地步。

於是他就一層層地增設中間機構，把原來的推銷員被提升為推銷主任，他們就有權擁有自己的推銷員並從佣金中提成。

而當推銷主任的推銷員太多時，他又設立了次一級的中間機構，自己的地位也上升了一級。

就這樣，孔菲德也建立了金字塔般的組織，這回他已距離「金字塔」塔尖不遠了。

他一層層地從每一個屬下身上提取他應得的那部分佣金。

到 1960 年，孔菲德已淨賺 100 萬美元，而他自己從未投入一分一厘的資金，實際上他不是「一本萬利」，而是「無本萬利」的空手道高手。

孔菲德手中擁有了雄厚的資本，他認為獨立創業的時機到了。於是，他採取了互助基金這一行中石破天驚的一步 —— 成立了他自己的互助基金公司。

孔菲德的第一家互助基金，名叫國際投資信託公司（簡稱 IIT）。公司在號稱「自由中的自由市場」的盧森堡登記。基金的通訊地址和實際經營的總部，依然在瑞士，和 IOS 在一起。

孔菲德的那些熟練而有衝勁的推銷員們，能使一般潛在的客戶獲得一個印象，即 IIT 是一家以瑞士為基地的殷實可靠的大公司，IIT 股票銷售的情況就如股市繁榮時的熱門股票。12 個月以後，該公司已獲得其投資者投入的 350 萬美元，基金繼續不斷地成長，直到最後成長到將近 7.5 億美元。

長期以來，孔菲德對他只能向美國公民推銷的限制，一直感到氣惱。

1950 年代末期，有幾個國家的政府抱怨 IOS 的推銷員（也許並未得到孔菲德的支持），私下違背這個規定，而大批地將垂法斯的股票，透過銀行和以貨幣交換的方式，賣給非美國公民。

孔菲德現在決定要設法使這一限制一國一國地解除。

他去見每一個國家的財政當局，說：「你們現在擔心資金流出貴國，對不對？好吧，我告訴你我的做法。我的新基金 IIT，將投入一部分資金，購買貴國企業股票。但你們要准許我向貴國人民推銷基金股票，作為交換條件。」

他一國接一國地說服了對手。

他就是這樣一步步地使自己從推銷員、推銷主任、超級推銷員到了老闆的地位，並登上了互助基金的「金字塔」塔尖，他的財源滾滾而來。

隨後，孔菲德又在加拿大註冊登記了「基金的基金」公司，大舉地拓寬了收入的管道。

接下來，他把注意力轉向了金融中心 —— 華爾街。

眾所周知，華爾街股市一直是譽滿全球的，它的許多熱門股票都是搶手貨，孔菲德只有躋身其間，才能有用武之地。於是，孔菲德和他的助手們又想出了一個絕妙的主意。

美國的法律，由大眾擁有的投資公司只做多層基金的生意，而個人擁有的公司則不受這種限制。這樣，如果本公司成立只有一個股東的「基金的基金」公司，這就合乎個人公司的定義；這種私有資金也就可以在美國公開經營而不受干涉。說穿了，他就是在華爾街設立一個公司辦事處，這對長期不能在華爾街和美國其他各地立身的國際投資信託公司來說，更是一舉兩得。

就這樣，一個接一個的私人基金成立起來，他們對任何股票都大膽投資，從炙手可熱的熱門股票到令人望而卻步的冷門股票，從房地產投資到北極石油探測，他們都插上一手，從中撈到不少好處。

這樣，「基金的基金」已經不僅是一個投資於其他基金的超級基金組織，而更是一個受少數大亨操縱的公司，他們無所顧忌地從事著一連串的投資冒險事業。

孔菲德的一生大部分時間都是默默無聞，但到了 1960 年代，他脫穎而出，一下子成了美國股票巨星並富裕得令人難以置信。

第五章　崇尚知識熱衷學習

深井裡的水是提不完的，淺井裡的水一提就乾。

金銀財寶總有一天要用光，而知識卻永遠與人同在。

—— 猶太格言

可以攜帶的知識才是真正的財富

當今世界的財富裝進了猶太人的口袋裡，而他們自己的財富依舊在自己的腦袋裡。很長一段時期以來，猶太人隨時都得準備踏上新的征途，所以他們視知識為特殊的財富，一種不被搶奪而且可以隨身帶走的財富。在當今的以色列，受教育的程度和收入是成正比的，這已成為猶太人普遍接受的一條規律。在那漫長的苦難歲月裡，暴徒或者國王們帶走了猶太人的錢幣，而猶太人自己所能帶走的則是永恆的信仰、知識和智慧。

如果說美國人的財富在猶太人的口袋裡，那是因為猶太籍的商業大亨們將知識轉化為了黃金。猶太人一生的財富是智慧，它被看得遠比金錢來得重要。因為智慧將永伴他們度過一生，使他們獲得成功，並帶來財富，保護他們平安一生。越是卓越的猶太商人，就越具有智慧，他們猶如熟透了的紅葡萄，長得越豐碩，就越會低下頭來。因為在他們擁有了打開幸運和財富之門的金鑰匙時，他們已經變得很有學識和謙遜了。

猶太人對於財富的重視是眾所皆知的，他們有著追求財富、崇尚金錢的永恆動力，但他們常以平和、恬然的心態看待財富。其實，他們積聚財富，是以享受生活為目的的。這需要較高的精神境界，也需要知識。猶太人的智慧就是以知識為基礎的，他們不斷求新求知，磨練心智，才有了對生活的共同認知與體悟，並不斷地提升心性與賺錢的能力。比如在傑出的猶太商人眼裡，鑽石貿易是一樁很賺錢的買賣，可是讓其他商人來經營鑽石生意就沒有猶太人所說的那麼容易。在美國、英國、日本等國的商場裡擺放著各式精美的鑽石製品，卻是生意冷清，甚至很長的時間都無人問津。如果將經營者換成了猶太商人，情況就會產生大逆轉。即使他們運用的都是猶太商法，然而成敗卻不盡相同。關鍵在於猶太商人具有十分聰穎與豐富的腦袋，這一點對於其他任何一個國家的商人來說，是無論如何也學不來的。

淵博的知識

猶太商人自古以來就尊重知識，重視教育，尊敬智者。《塔木德》中說：「寧可變賣所有的東西，也要把女兒嫁給學者；為了娶得學者的女兒，就是喪失一切也無所謂；假如父親和老師同時坐牢，做孩子的應先救老師。」這正好展現了猶太民族所宣導的，要盡力使自己成為很有學識的人這一觀點。擁有了知識和學問，不僅可以提升猶太商人的判斷力，同時也提升了他們自身的修養。例如同樣是經營鑽石買賣，如果是猶太商人，他們不僅要了解產品的性能，更要在針對客戶下功夫，盡力去滿足顧客的心理需求，同時還應選擇合理的銷售場地。在關鍵時刻，猶太商人會與顧客進行不失風度的「談判」，以理性取得顧客的重視和信任。只要交易的商品能引起顧客的興趣，這樁買賣也就成功了一半。那麼經營者如果換作是粗俗的商人，既不懂得如何去布置場面，也不懂得如何營造良好的氣氛，在進行買賣前，不去思考商品的信譽，在交易中往往會因為一些粗俗的談話，一點小小的過失而嚇跑了顧客。所以即使同樣是做賣鑽石的生意，別國的商人會因為賣不出去而煩惱，精明的猶太商人卻憑著自己豐富的知識、閱歷和經驗，在鑽石市場裡尋找到豐厚的利潤與財富。

一位日本商人問傑出的猶太商人瑪索巴氏：「如何才能成功地經營好鑽石生意？」他沒有直接回答，反而問這位日本商人，「你有真正的學識嗎？」然後他繼續說道，「要想成為鑽石商人，必須先擬好一個 100 年的計畫。也就是說，單靠你一生的時間是不夠的，最少要延伸至你孩子那一代，要兩代人的時間才行。經營鑽石買賣，最要緊的一點是獲得別人的尊敬與信任，被人尊敬和信任是販賣鑽石的必備基礎。因此鑽石商人的學識要非常淵博，最好是無論什麼事都能知道才好。」其實，做鑽石生意如此，做其他生意不也是一樣嗎？

幾千年來，猶太商人正是憑著自己淵博的學識，從祖先那裡繼承來的聰明頭腦，才找到了他們所需要的金子。那麼猶太人的智慧又是如何獲得的呢？這一切皆源於他們所經歷的生活。猶太人基於對世界的體悟和對生活的認知，開始崇尚知識。在流浪的年代，如果發現一本未曾見過的書，他們一定會買下來，帶回家與鄉親分享。在生活困苦的歲月裡，他們迫於生計，不得不賣掉金子、鑽石、房子和土地，但直到最後也不肯出售任何一本書，他們從精美的書頁中採其果實，摘其花朵。因此，猶太人所擁有的財富有兩種：一是智慧和知識的，一是物質的。物質財富只是生存和生活所必須的，只有智慧和知識才最為寶貴，這種財富以精神的形式永遠存在猶太人的大腦中。無論是過流浪的生活，還是遭受災難，陷於困境或財富被掠奪，都不能搶走他們的知識，這就是至今猶太人仍把教育擺在第一位的因素。

學習、活化、思考

根據猶太商人的經驗，智慧源於學習、觀察和思考，學習可以磨練人的心性與思維。猶太人視學習為義務，視教育為「敬神」，而書是知識的主要載體，不僅承載新知識、新技術和新資訊，更啟迪智慧，拓展思維，指導實踐。讀書是使人累積智慧的一條快捷方式，不更新知識、不學習、不讀書，就意味著因循守舊，缺乏遠見，更是一種無知和愚昧。

許多猶太人認為，在學習知識時一要善於獲取資料，二要有重點性地選擇。尤其對精要的部分必須細讀精思，知其意義。三是借腦讀書，透過別人的閱讀，從他人的總結要點中獲得精要的東西。四是善於進行人際的交流、溝通，從媒介中獲取知識。然而知識是死的東西，關鍵更是在於運用，這就需要反覆地觀察、分析，去領略事物的內涵，讓知識透過自己的大腦「活」起來。

美國連鎖店先驅盧賓就是一位活用知識的典範。他發跡之初，在美國早期的淘金浪潮中做一些小生意。他花費若干年的時間去觀察分析市場的情況發現做生意時，不在商品上標明價碼，容易導致顧客對商店的誤解與猜忌，反而不利於業務的開展，如果能選擇一個參照標準，也就是研發一種對每一商品標價的銷售經營方式，這樣顧客會更放心消費，還能建立彼此的信任關係，掃除商業交易中的欺騙行為。後來他採用了「明碼標價」的經營方式，營業額明顯增加，並帶動了更多顧客的光顧。因而盧賓的生意越做越興隆，來商店光顧的顧客也越來越多，出現了擁擠人潮的現象，從而影響到交易的正常進行，讓顧客在購物時感到不便。從這一點出發，盧賓想到了一個商店無論如何經營，它的輻射範圍還是要受到限制，如果採取連鎖經營方式，不但可以解決購物的空間問題，同時也可以擴大業務，倘若實行多店同貨、同價、同服務的方式經營，並將店面的裝潢、擺設統一，這等於是將一家店開設在多個地方，即能滿足許多客戶的需求，生意自然也就越做越大了。從中我們可以看到，盧賓商業業務的拓展，是建立在銷售方式、行銷策略的創新上的，是一種對過去經營管理模式的突破。一名傑出的商人，不僅要擁有豐富的知識，深諳銷售的藝術和顧客的消費心理，還要透過觀察將知識轉化為智慧和能力，並根據商店的具體情況，設計出完整的問題解決方案來。

在商業經營中，思考也是一個重要的環節。這種思考不是單一的考慮，而是建立在對現實環境條件變化能否準確掌握以及適時做出相對的反應上。世界各國的商人都知道商機在不停地變化，可是他們卻難以洞悉到變化著的商業規律，並運用這一規律預測到未來的發展趨勢。猶太商人最成功之處，在於他們能將自己對知識的理解、資訊的掌握，以開闊的視野和遠大的心懷，發現事物運用變化的內在規律，這正是智慧思考的結果。

總之，猶太人的智慧在於他們首先將知識和金錢連繫起來，認為商人必須擁有淵博的學識，無論是政治、經濟、法律、歷史還是生活細節，他們都能談笑風生，其豐富的知識實在令其他商人稱奇。猶太商人因為有了學識淵博的腦袋，在商戰中才能立於不敗之地。

尊重知識，渴望學習

即使是敵人來借書，你也一定要借給他。

被稱為「赫黑姆」的人，可以不繳稅。

猶太人在世界上之所以能夠引領風騷，最主要的是他們具有卓然不群的文化素養和精神底蘊。而其根基是尊重知識，渴望學習，重視教育，崇尚求知。

在猶太傳統中，孩子們頭一次進教室上課，要穿上新衣，由教士或有學問的人帶到教室。在那裡，每位孩子都可以得到一塊乾淨的石板，石板上有用蜂蜜寫成的希伯來字母和簡單的《聖經》文句，孩子們一邊誦讀字母，一邊舔掉石板上的蜂蜜。隨後，拉比們會分給他們蜜糕、蘋果和核桃。所有這一切都旨在使他們明白，學習知識有甜頭。

這種儀式早已成歷史，但透過遠古的儀式，人們可以窺見猶太人對學習的態度。

在猶太教中，勤奮好學是敬神的一個組成部分。沒有一種宗教像猶太教那樣對學習和研究如此強調。《塔木德》中寫道：「無論誰鑽研《妥拉》

(*Torah*)，均值得受到種種褒獎；不僅如此，而且整個世界都受惠於他；他被稱為一個朋友、一個可愛的人、一個愛神的人；他將變得溫順謙恭，他將變得公正、虔誠正直、富有信仰；他將能遠離罪惡，接近美德；透過他，世界享有了聰慧、忠告、智性和力量。」

12 世紀的猶太哲學家邁蒙尼德（Maimonides）曾宣布：

「每個猶太人，不管年輕還是年老，強健還是羸弱，都必須鑽研《妥拉》。甚至一個靠施捨度日和不得不沿街乞討的叫花子，一個要養家糊口的人，也必須擠出一段時間日夜鑽研。」

為此，猶太人認為沒有人是貧窮的，除非他沒有知識。擁有知識的人擁有一切。對於猶太人，拉比可能會問：「一個人要是沒有知識，那他還能有什麼呢？一個人一旦擁有知識，那他還能缺什麼呢？

傳說在以色列，曾經有這麼一個男孩，他對學習毫無興趣，他的父親最後不得不放棄努力，而只教他《創世紀》一書。後來，敵軍攻打他們居住的城市，俘虜了這個男孩，把他囚禁在一個遙遠的城市。

恰好凱撒來到了囚禁這個男孩的城市，並視察了男孩被囚的監獄。凱撒要求看一看監獄中的藏書，發現了一本他不知道怎麼讀的書。

「這可能是一本猶太人的書，」他說，「這裡有人會讀這本書嗎？」

「有，」典獄官答，「我這就帶他來見您。」

典獄官把男孩找來，說：「如果你不會讀這本書，國王就會要你的腦袋。你要是死在這裡的監獄裡，總比被國王砍掉腦袋的好。」

「我父親只教過我讀一本書。」男孩答道。

典獄官把男孩從監獄裡提出來，把他打扮得光鮮亮麗，帶到了凱撒面前。皇帝把書擺到男孩面前，年輕人就開始讀，從「起初，上帝創造天地」一直讀到「這就是天國的歷史」。

凱撒聽著男孩讀，說道：「這顯然是上帝，賜福的上帝向我打開他的世界，只是要把這孩子送回到他父親身邊。」於是，凱撒送給男孩金銀，並派兩名士兵把男孩護送回到他父親身邊。

聖人們聽到這個故事後，說：「儘管這孩子的父親只教他讀了唯一一本書，賜福的上帝就獎賞他了。那麼，想一想，如果一個人不辭辛苦地教他的孩子《聖經》、《密西拿》和《聖徒傳記》，那他得到的獎賞該有多大呀！」

對於猶太人來說，書本就是知識，所以他們視書如命。西元1736年，拉特維亞的猶太區訂定了一項法律，規定當有人來借書時，不把書本借給他的人，都要課以罰金。此外，猶太家庭還有一個代代相傳的傳統，那就是書櫃要放在床頭，因為如果放在床尾，將是對書本的大不敬，這是絕對被禁止的。

希伯來語稱有智慧的人為「赫黑姆」。赫黑姆是指具有「赫夫瑪（智慧）」且能使用智慧的人。如同古代許多偉大的拉比出身低微一樣，赫黑姆也不一定是來自知識階級，曾經有很多知名的赫黑姆是肉攤子或果行的老闆，他們出身都很卑微。

在眾多有智慧的人當中，最有智慧的，被稱作「塔爾米德·赫黑姆」，意為精通塔木德者。他們對《塔木德》和《猶太教則》都很有研究。猶太人認為，任何頭銜都不能形容這種有智慧的人，同時，其他正規的教義也都培養不出這種人才來。

在猶太社會中，當一個年輕的學生，逐漸累積知識、發揮知性、培養洞察力，並且開始了解到一個人必須謙虛時，他就可以被稱為「赫黑姆」。猶太人一方面重視學識，另一方面也很重視謙虛的態度，這兩者是並重的。一個人終身都不忘學習，一刻也不怠慢，到了大多數人都認為他很有智慧時，他便能被稱為「塔爾米德·赫黑姆」。

因為猶太人認為他們已經付出很多心力，對於整個社會有著莫大的貢獻，所以不但不讓他們繳稅，反而以整個社會的力量去幫助他們。

只要活著就要不停地學習

《塔木德》中有這樣一些話：

「對於像孩子那樣學習的人，我們把他比做什麼呢？就像用墨水在新鮮潔淨的紙上書寫。

「但對於像老人那樣學習的人，我們把他比做什麼呢？就像用墨水在破舊不堪的紙上書寫。

「世界只為了學童們的呼吸而持久存在。」

「學童們絕不能忽視他們的學業，即便是為了建築神廟也不行。」

「沒有學童的城市終將衰敗。」

在猶太人看來，不管一個人到了多大歲數，也不論他有多麼貧窮，只要他是人，就應該學習。因此，猶太人認為人們可以透過學習保持「青春」，保持年輕人的心態，還可以透過學習而獲得「財富」，取得精神上的富足。

有一個拉比曾說：如果一個人來到天國裁判所並說「我太窮了，終日為果腹奔波，沒有時間學習」；那麼，他就會被問及這樣一個問題：「你比希賴爾還窮嗎？」

希賴爾長老是一個窮人，他每天都辛苦地工作，卻只賺到半個第納爾。他用收入的一半支付給學院的警衛，而用剩下的一半來使自己和家人過活。

一天，在安息日前夜，他沒有賺到錢，於是，學院的警衛就不讓他進去。在學習知識的驅使下，他爬到教室的屋頂上，把頭緊緊貼在冰冷的屋頂上，透過玻璃屏息傾聽智者施瑪和阿弗塔揚講課。在他趴在房頂上的時候，大雪飛揚，不一會兒，就將他覆蓋起來，但他聽得非常入迷，終夜沒有移動一下位置。

第二天清晨，施瑪對阿弗塔揚說：「兄弟，這間屋子每天都很亮，但今天卻有些暗，外面是不是陰天了？」

他們抬頭向上看，發現屋頂有一個人型的物體，於是，他們爬到房頂，發現被大雪覆蓋幾乎凍死的希賴爾。他們把他背下來，幫他洗澡並塗了油，然後把他放到了火爐旁邊。

兩位聖人說：「這個人褻瀆安息日的行為是值得的，上帝保佑他。」

只要是活著，猶太人總是不停地學習，因為對猶太人來說，學習是一種神聖的使命。猶太人認為到達天國以前，人必須要不斷地學習，即使是一位最偉大的拉比，也不例外。學問的追求是永無止境的。所有的猶太人一向秉持著這樣一種觀念：肯學習的人比知識豐富的人更偉大。

有一本名叫《虔誠者的書》上記載著古時候猶太人的墓園裡常常都放有書本。因為他們認為當夜深人靜的時候，死者就會從墳墓中爬起來看書。

雖然這種事情是不會發生的，但是猶太人對求知的態度是：生命有終結，但學習卻不會終止。

猶太民族的好學作風成了他們的歷史和民族的一個顯著標誌。

西元前 5 世紀，波斯王國駐猶太地區的總督聶赫米瓦曾說過：「這一個地方不僅有很多圖書館，在圖書館中更是經常擠滿了看書的人。」他的話不知不覺中印證了猶太民族的好學。

猶太人把書本當作寶貝。在古代，書往往被猶太人翻看得破破爛爛，但是他們仍然捨不得扔掉，一直要等到整本書都七零八落，字跡模糊不清，再也不能翻閱的時候，四鄰才會聚到一塊，像埋葬一位聖人一樣，恭恭敬敬地挖一個坑，把這本書埋掉。

生命有終結，學習不能終止，猶太人認為學習可以讓人獲得生命和更多的獎賞。

拉比阿基瓦是一個貧苦的牧羊人，直到40歲才開始學習，但後來卻成了最偉大的猶太學者之一。

傳說拉比阿基瓦在40歲之前什麼都沒有學過。在他與富有的卡爾巴·撒弗阿的女兒結婚之後，新婚妻子催他到耶路撒冷學習《律法書》。

「我都40歲了，」他對妻子說，「我還能有什麼成就？他們都會嘲笑我的，因為我一無所知。」

「我來讓你看點東西，」妻子說，「幫我牽來一頭背部受傷的驢子。」

阿基瓦把驢子牽來後，她用灰土和草藥敷在驢子的傷背上，於是，驢子看起來非常滑稽。

他們把驢子牽到市場上的第1天，人們都指著驢子大笑。第2天又是如此。但第3天就沒有人再指著驢子笑了。

「去學習《律法書》吧！」阿基瓦的妻子說，「今天人們會笑話你，明天他們就不會再笑話你了，而後天他們就會說：『他就是那樣』。」

在故事中，阿基瓦妻子的意思就是他40歲去學習，即使別人會嘲笑他，但是第3天就不會嘲笑了，因為什麼時候學習都不遲。

因此，猶太人常把西勒爾說過的一句名言掛在嘴邊：「此時不學，更待何時？」以此激勵自己或鼓勵別人去學習知識。

學習不只是學習

學習使人嚴謹，嚴謹使人熱情，熱情使人潔淨，潔淨使人克制，克制使人純潔，純潔使人神聖，神聖使人謙卑，謙卑使人恐懼罪惡，恐懼罪惡使人聖潔，聖潔使人擁有神聖的靈魂，神聖的靈魂使人永生。

在猶太學校裡，很多人朗誦《猶太教則》，像是在歌唱一般，也許人們會認為他們是在祈禱。但是，這大錯特錯了。他們此刻正浸沒在知性的思索深淵中，充分享受著宗教的甜美滋味。

在猶太人眼中，學習不只是學習，而是以本身所學為基礎，自行再創造出新東西的一種過程；學習的目的，不在於培養另一個教師，也不是人的複製，而是在創造一個新的人，世界之所以進步即在此。

在猶太人看來，學生有 4 種：海綿、漏斗、濾酒器和篩子。

海綿把一切都吸收了；漏斗是這邊耳朵進那邊耳朵出；濾酒器把美酒濾過，而留下渣滓；篩子把糠秕留在外面，而留下優質麵粉。猶太人宣導學習知識，應該去做篩子一樣的人。

猶太人認為，學習《猶太教則》時，最應鼓勵的就是不被「權威」這個字眼所麻痺，每個人要依照自己獨特的方式去了解、去咀嚼，並且加上自己的解釋。簡單地說，如果有一個學生縱然能將《猶太教則》的原文，一個字不漏地背得滾瓜爛熟，他也還不能算是「特拉」的學生，因為他並不能將之融會貫通，成為自己的知識。

猶太母親每每問孩子一個謎題：

「假如有一天，你的房子被燒毀，財產被搶光，你將會帶著什麼東西逃跑呢？」

這個問題滿含著猶太人悲慘的血淚史。

大多數孩子回答的是「錢」或者「鑽石」。

母親進一步問：「有一種沒有形狀，沒有顏色，沒有氣味的東西，你知道是什麼嗎？」

孩子們回答不出來，母親就說：

「孩子們，你們帶走的東西，不是錢，也不是鑽石，而是知識。因為知識是任何人搶不走的。只要你還活著，知識就永遠跟隨你，無論逃到什麼地方都不會失去它。」

從這則故事可知猶太人對知識的重視程度。

在猶太社會中，每個人都認為智者遠比國王偉大，智者才是人們尊敬的中心。因為智者若死了，世上便再也沒有大智慧；而國王死了，任何一個智者的弟子都可以勝任。

猶太人如此看重智慧，所以，他們又把僅有知識而沒有智慧的人比喻為「背著很多書本的驢子」，這種驢子很難派上大用場。

知識是為磨練智慧而存在的。假如只是收集很多知識而不消化，就等於徒然堆積許多書本而不用，同樣是一種浪費。

猶太人也蔑視一般的學習，他們認為一般的學習只是一味模仿，而不是任何的創新。實際上，學習應該是懷疑、思考、提升知識能力的過程。一個人的知識越多，懂得越多，就越會發生懷疑，就越覺得自己無知。而懷疑正是學習的鑰匙，能開啟智慧的大門。求知的欲望正是不懈學習、探求的動力，而懷疑讓自己不斷進步。

《塔木德》說：「好的問題常會引出好的答案。」

可見，好的發問和好的答案同樣重要。問題提得出人意料，答案也常常是深刻的。沒有好奇心的人，不會發生懷疑，思考就是由懷疑和答案共同組成的。所以智者其實就是知道如何懷疑的人。

人沒有理由對什麼事都確信無疑。懷疑一旦開始，疑點便越來越多，循著懷疑的線索去追尋答案，就可以解答很多迷惑和懷疑。

但過度的思考易使行動遲緩。的確，猶豫是非常危險的，人們必須在最適當的時候，遂下決斷，否則便會坐失良機。只有適時而大膽地行動，才能掌握勝利；臨陣躊躇不決，將喪失戰機。

人不能為了學習而學習。學習是讓自己豐富，更讓自己變得靈活、機智、善於洞見。在這個世界上，相同的事情絕對不會重複出現。因此，當面臨一種新的狀況時，誰也不能把以前所學的東西，原本不動地運用上去。學習到的東西只能給人以知性的感覺。

而學習正是為了錘煉知性，使知性更加敏銳。

敏銳的知性可以抓住瞬間的機會，預見未來的趨勢，洞悉細微處的微妙變化；掌握總體而抽象無形的東西。學習的目的便是培養這種洞若觀火的洞察力。

尊師重教的美德

即使是轟隆隆的炮火，也不能阻止學校的修建及使用。

《塔木德》中記載的 3 位偉大拉比之一，約哈南．本．札凱拉比（Yohanan ben Zakkai）就認為：學校在，猶太民族就在。

西元 70 年前後，占領了猶太國的羅馬人肆意破壞猶太會堂，圖謀滅絕猶太人。面對猶太民族的空前浩劫，約哈南殫精竭慮，想出了一個方案，但必須親自去見包圍著耶路撒冷的羅馬軍隊的統帥維斯帕先（Vespasian）。

約哈南拉比假裝生病要死，才得以出城見到羅馬的司令官。他看著維斯帕先，沉著地說道：「我對閣下和皇帝懷有同樣敬意。」維斯帕先一聽此話，認為侮辱了皇帝，做出要懲罰拉比的樣子。

約哈南拉比卻以肯定的語氣說：「閣下必定會成為下一位羅馬皇帝。」將軍終於明白了拉比的話，很高興地問拉比此來有何請求。

拉比回答道：「我只有一個願望，給我一個至少能培養出 10 個拉比的學校，永遠不要破壞它。」

維斯帕先說：「好吧！我考慮考慮。」

不久以後，羅馬的皇帝死了。維斯帕先果然當上了羅馬皇帝。日後當耶路撒冷城破之日，他果然向士兵發布一條命令：「給猶太人留下一所學校！」

學校留下了，留下了學校裡的幾十個老年智者，維護了猶太的知識、猶太的傳統。戰爭結束後，猶太人的生活模式也由於這所學校而得以繼續保存下來。

約哈南拉比以保留學校這個猶太民族成員的塑造機構，和猶太文化的複製機制為根本著眼點，無疑是一項極富歷史感的遠見卓識。

一方面，猶太民族在異族統治者眼裡，大多不是作為地理政治上的因素考慮，而是文化上的吞併對象。小小的猶太民族之所以反抗世界帝國羅馬而起義，其直接起因首先不是民族的政治統治，而是異族的文化統治，亦即異族的文化支配和主宰：羅馬人褻瀆聖殿的殘暴之舉。

另一方面，猶太人區別於其他民族，首先又不是在先天的種族特徵上，而是在後天的文化內涵上。在一個猶太人的名稱下，有白人、黑人和黃種人；至今作為猶太教大國的以色列向一切皈依猶太教的人開放大門，因為接受猶太教就是一個正統的猶太人。

為了達到這一文化目的，猶太人長期追求的，不僅僅是保留一所學校，而是力圖把整個猶太生活的傳統和猶太文化的精髓保留下來。從猶太民族 2,000 多年來持之以恆、極少變易的民族節日，到甘願被幽閉於「隔都」之內以保持最大的文化自由度，到復活希伯來語，所有這一切都典型地反映出了猶太民族的這種獨特追求和這種獨特追求中生成的獨特智慧。這種智慧就是對民族文化的高度自信、執著和維護！

1919 年，猶太人正同阿拉伯人處於日趨激烈的衝突之際，耶路撒冷的希伯來大學在前線隆隆的炮火聲中奠基開工了。此後連綿不絕越演越烈的衝突也未能阻止這所大學在 1925 年建成並投入使用。

猶太人之所以特別重視學校的建設，除了他們具有那種「以知識為財富」的價值取向之外，更高層次上，還因為在他們看來，學校無異於是一口保持猶太民族生命之水的活井。

猶太人很講究教育的藝術。他們有句非常至理的名言：「要按孩子該走的路來充分地訓練他。」

猶太人認為，一個孩子在學習《聖經》上有進步，而在《塔木德》上沒有進步，那麼就不能試圖透過教他《塔木德》來推動他進步。如果他看得懂《塔木德》，就不要逼他學《聖經》。要在他知道的事情上訓練他。

在教育孩子時，拉比們認為，如果老師教的課學生不理解，那麼，老師不應該大發脾氣或對學生們發火，而應該反覆重複課程，直到學生們完全理解並掌握為止。

在學習過程中，猶太人認為一個學生在聽了好幾遍課之後才能掌握所學的知識，他不應該在那些只聽一兩遍課就能掌握的同學面前感到羞愧。但是，這個學生的不理解只能是因為課程本身就難或者是由於他們的智力不足的情況。但如果學生在學習時粗心大意和懶惰，那麼老師就應該斥責他們，用責備的話羞辱他們，並由此而激勵他們。這就是老師的責任。

有一位拉比在一次演講中發現學生都睡著了，為了喚醒他們，他突然高聲叫道:「一位埃及婦女一次生了 6,000 個孩子!」

一個學生,伊施米爾·本·猶瑟一下子就從睏倦中驚醒了,問:「誰能做出這種事啊?」

拉比大聲說:「她就是約克白德,在她生摩西的時候,因為摩西就等於 6,000 人。」

但是,老師不應強行為孩子們上重軛,因為指令只有在輕鬆愉悅地傳達時才有效率。要給孩子們小小的獎勵來讓他們高興。一個專心的學生會自己閱讀,如果一個學生不專心,那麼就把他安排在一個勤奮的學生旁邊。一個老師應該在他的學生面前露出「破綻」,透過提問,激發學生們的才智,並探知學生們是否記住了他所教的東西。

為了在教學中讓孩子認真聽講,教師可以用令人吃驚的聲明來使他們振奮,保持警惕。

但猶太拉比認為,教育學生要常常把左手放開,而將右手更緊地抓住,不能像約書亞那樣,把學生的雙手都放開了。

有一次,約書亞從亞歷山大到耶路撒冷,路上經過一個小飯店,飯店的主人對他異常尊重。

「這個 aksania 可真漂亮啊!」他說。

aksania 的意思可以指小飯店,也可以指飯店老闆,但是約書亞的意思是誇飯店。

「我的主人,她的眼睛太小了。」他的學生說道,他指的是飯店的老闆娘。

「缺德的傢伙!」約書亞叫道,「這就是你滿腦袋所想的嗎?」

於是,約書亞吹起了牛角,將學生逐出師門。牛角是在將學生逐出門牆的儀式上吹的。

可憐的學生找了多次老師，請求：「收留我吧！」但約書亞拒絕見他。

一天，約書亞在祈禱時這個學生又來了，拉比這次動了惻隱之心，想再將這個學生納入門牆，於是他向這個學生打了個手勢，讓他等到他祈禱完畢。

但這個可憐的學生以為又被老師拒絕了，於是，他黯然地離開了，轉而崇拜起月神來。

猶太人認為，這是老師的失敗，老師是不合格的老師。

依靠專業知識發財

誰曉得，這一曾經控制歐洲經濟命脈的家族白手發家的艱難歷程呢？他們一點點積攢財富，尋找和發展各種財路，最後終於事業成功，雄視天下。

洛氏家族的創始人麥雅生不逢時，一出生就遇到了強烈的反猶浪潮。

在麥雅大約 10 歲的時候，父親便開始傳授他做生意的方法。麥雅不但從父親那裡學到了賺錢的技巧，也培養了對古錢幣和其他古董的興趣。

在父親的影響下，麥雅十分愛好猶太民族自古流傳下來的詩篇和傳說，並且很自然地動腦筋把自己的嗜好與生意結合在一起，這便是進行古錢幣的買賣。

他十分起勁地收集中東、俄國以及歐洲的古舊錢幣，加以整理出售。麥雅便是如此持續不斷地一分一分累積著在旁人眼裡微不足道的小果實。雖然順利地賣掉了一些古錢幣，卻沒有賺到多少錢，生活仍然相當貧困。但他毫無怨言地拚命，設法四處收購各式各樣的稀奇古怪的錢幣。

麥雅在這一點可稱是一個十分出色的猶太人。針對他的顧客都是屬於上流社會這一特點，他為他的古幣生意開拓了一條獨特的途徑，並下功夫做了一般商人無法模仿的噱頭。

他將古幣以郵購的方式有計畫地推銷給各地的皇家貴族；他把各種稀罕奇珍或來歷不凡的古幣編印成精美的目錄，並一一附上親筆書信，寄給那些有希望購買的顧客。

雖然郵購業務在今天來說，是一種十分平常的推銷手段，但在當時仍屬於封建制度的社會，領主們各自割地稱雄，郵政業很不發達，所以它無疑是一種超前的構想。況且，當時的教育不甚普及，一般只有頗具教養的人才懂得閱讀書寫，因此麥雅的方法在其他行業很難效仿。

麥雅對於目錄製作力求做到盡善盡美。他獨具匠心地採用略具古風的文體來編寫語句，以突出他的商品的古風雅氣。他不但反覆斟酌每一個句子，對印刷也十分講究，達不到理想效果的一概作廢，重新印刷。到後來，連那些編印精品書籍的人們都不得不為他精益求精的精神所汗顏。

憑著卓越的專業知識和這種獨特的銷售方式，麥雅逐漸提升了知名度，由此逐漸步入佳境。

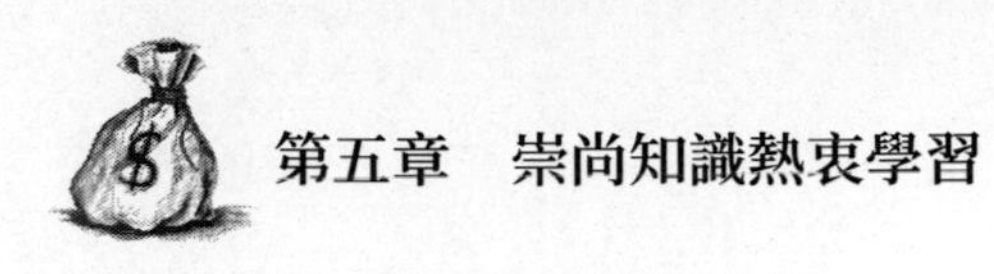

第六章　商業談判勝券在握

三尺桌面風起雲湧，八方英才唇槍舌劍！如何才能在談判桌上不辱使命、穩操勝券？

猶太商人的答案是：理性解決問題，合法巧取豪奪。所謂「理性解決問題」，指談判人員並不因談判過程中的某些表象而迷惑，有理、有節、有度地進行協商；所謂合法巧取豪奪，指談判人員在追求最大利益的同時，需要遵守法律條文及道德規範，勝得正大光明，贏得合情合理。

目標決定談判的基調

猶太格言:「與其迷一次路，不如問十次路。」其意說明人在行動前要把目標和方向了解清楚，不可貿然行動。

商業談判，與為人處事一樣，首先要定下自己的目標，並以此為基礎，展開一系列的輔助工作，以實現預期的目標。因此，明確了目標就可以邁出成功談判的第一步。

如果大多數參加談判的人都不知道自己的目標到底是什麼，那麼這次談判的成功率就已經打了折扣。這話也許會使許多人感到不服氣，但如果有人問你一句:「你談判的最終目標是什麼？」你能夠立即回答嗎？恐怕能立即回答的人不多。因為人們內心深處的目標往往是經濟利益、名譽、感情等諸多因素的混合體。

這裡要特別指出的是，人類是一種具有感情的動物，很容易受外界的影響而表現出喜怒哀樂的情緒，而這些情緒又往往左右了一個人參加談判的態度。商業上的訟訴案一般要花三年時間才能完全解決，其原因主要就是當事人多變的複雜心態所致。所以，在談判中取勝的要訣，最重要的便是時時不忘自己的目標，控制自己紛亂的情緒和心態，從而保持始終如一的堅定態度。

這就好比在製作一把雨傘時，必須先把一支支凌亂散置的傘骨束起，固定妥當。即只有先把你的目標明確，才能進而加入複雜的談判。如此才能保證在任何情況下都不自亂陣腳，也不會因一時的喜憂而影響判斷，更不會在一時失去控制時，拍桌大罵談判對手而壞了大事。

因此，談判者必須首先明確自己真正追求的目標，並牢牢銘記在心裡，再圍繞它考慮採取哪些必要的措施和手段。

在這一點上，猶太商人做得很到位。他在商業談判之前，總是要先確定談判的目標，在談判之前準備好與談判目標相關的技術與價格資料，同時對對方的態度和可能發展的趨勢有所掌握。因此，猶太商人認為，準備階段確定的目標是整個談判成敗的關鍵所在。在你坐在談判桌之前，那些你所該做而沒做的工作，就已經決定了你談判時如何表現。

定出你的理想目標

所謂理想目標，即達到了此目標，對己方的利益將大有好處；如果未達到，也不至於損害己方利益。

一位熱氣球探險專家計畫從倫敦飛往巴黎。他對自己此次行動的目標做了以下詳細劃分：我希望能順利抵達巴黎；能在法國著陸就已經不錯了；其實只要不掉到英吉利海峽，我就心滿意足了。

注意：猶太商人認為談判是從實際出發的，理想目標也固然要遵循「求乎其上，得乎其中」的原則，但是，理想目標絕不是漫天要價，你總不希望當你剛亮出報價牌時，就把對手嚇跑了吧！

A 公司需要一套電腦軟體程序，而此時 B 公司正好有這樣一批商品。當兩方代表坐下來準備談這項協議時，B 公司代表顯然有些趾高氣揚。「坦率地對你們說吧，這套軟體我們打算要 50 萬美元！」此時 A 方代表突然暴怒了，他臉發紅，氣變粗，提升嗓門辯解道：「你們開什麼玩笑，簡直瘋了！50 萬美元，是不是天文數字？你認為我是白痴嗎？」就這樣，雙方幾乎再沒有在談判桌上講第二句話。

重要的是你的終極目標

一家位於蘇格蘭的小輪胎公司原來一週只開工 4 天，經理為加強產品在市場的競爭力，希望能將工作定為一週開工 5 天。但是，工會拒絕開會，工會的理想目標是週五不開工。在漫長的談判過程中，公司一再聲明，如果工會不肯合作的話，公司將可能被迫關閉。看來資方的決心挺大，可工會的決心更大。最後談判宣告失敗，公司亦宣布關閉，工人們都失業了。工會就是因為要追求理想目標而犧牲了終極目標 —— 保住飯碗。事實上，工人們事後都挺後悔。

最好有個目標區間

這有利於你和你的對手能自由遊戲於理想目標和終極目標之間。

早上，甲到菜市場去買黃瓜，小販張三要價就是每斤 5 角，絕不還價，這可激怒了甲；小販李四要價每斤 6 角，但可以講價，而且透過講價，甲把他的價格壓到 5 角，高興地買了幾斤，此外，甲還帶著殺價成功的喜悅買了他幾根大蔥呢！同樣都是 5 角，甲為什麼還願意磨半天嘴皮子去買要價 6 角的呢，因為小販李四的價格有個目標區間 —— 最高 6 角是他的理想目標，最終 5 角是他的終極目標。而這種目標區間的設定能讓甲心理上接受。一般來說，很多人都會這樣對孩子說：「如果你目標訂得高，成就自然就大。」在平常生活中，我們往往都是這樣做的。

當猶太商人選擇去一個社區居住，或選擇參加一個團體，或選擇上一個教堂時，猶太商人便會針對現況，制定目標。企業主也是這樣，他們會向朋友、祕書、助理人員描述他們的目標，依據不斷的回饋，逐步向上或向下修正目標。猶太商人認為，個人的期望值反映了他希望達到的目標，換言之，那是他對自己的一種期望。期望不單是願望，而是一種包含了展現個人自我形象的肯定意圖。萬一表現不好，可能有損自我形象。當人們被問到「下次你想拿幾分」時，他們設定目標的真實度絕不如當他們被問到「下次你希望拿幾分」時來得高，因為，後者牽涉到自我形象的自尊，而前者沒有。期望值、敢不敢承擔風險和成功是相關的。在選擇目標時，個人就彷彿賭客下注一般，盡可能在所得、代價和成敗之間保持平衡。當然，在成敗、代價、所得三者之間，要想找到常勝不敗的基礎，並不是一件易事，所以，人們只能在過去經驗的基礎上，以此為出發點。成敗會影響期望值。人們會根據自己的能力、表現，來決定期望值的高低，因為這場輪盤賭中，包含著個人最寶貴的資本 —— 自尊。猶太商人認為，談判就是一個不斷尋求回饋的一來一往的過程。買方、賣方各有自己的目標，然後尋求回饋。回饋中的每項要求、讓步、威脅、遷延、最後期限、許可權，甚至好人、壞人的評語，都將對雙方的期望值造成影響，任何一句話、任何新動向都會成為左右「價錢」的起伏決定因素。因此，猶太商人認為在談判過程中，設定一個高目標往往會比設定一個低目標要好的多。不過，期望越高，失望的機會也就越多，這當中承擔風險在所難免。所謂「買賣交易」，當然要靠良好的判斷力，做一個周密的評估。

摸清對方的底再談判

要想在談判中占主動地位，一方面，不能讓對方窺探到自己的底牌；另一方面，自己要想盡一切辦法摸清對手的底牌。

在風雲詭譎談判桌上，雙方的底牌都捂得很緊，買方不可能真實地說出自己的最高出價是 70（他甚至在出價 50 時就已經「痛苦不已」了），賣方也不可能真實地說出自己的最低賣價是 60（他甚至在報價 80 時就「唉聲嘆氣」了），然後雙方取其平均數 65 達成協議，以此達到皆大歡喜、實現談判的理想局面。

如何才能摸清買方或賣方的「底牌」呢？參與談判的人都在挖空心

思尋找這個答案，但是，即使他們發現這一方法，卻又不一定能夠接受。有些方法可以幫助人們測出對手的「底牌」。

了解對手實力

某地中藥廠與沿海某地經濟開發區的一家公司經過多次談判後，簽訂了由其代理出口中藥酒至香港的合約。但由於中藥廠並未審查對方是否有能力按照合約的內容承擔履行約定的義務，結果產品被海關扣下，雙方蒙受了巨大的經濟損失。這樣的談判就是徹底的失敗。而這筆交易失敗的原因在於該中藥廠在談判之前未認真了解對方的資格能力，即對方是否能承擔相對的義務。

除了談判的關係主體的資格能力以外，你還需要關心些什麼呢？你還要知道對方的組織情況，了解該公司是否有良好的聲譽；以往履行合約義務的情況怎麼樣；銀行信用度是什麼級別；對方管理層最近有什麼變動；與他們做生意的難易程度等諸如此類的問題。

在這一點上，我們得向猶太商人學習。猶太商人向來以對工作認真負責而著稱於世，他們談判前的工作做得非常充分。在與對方談判以前，不管你自稱業務開展得如何順利，經濟實力如何雄厚，哪怕把木棍說得發芽開花，他們也會不厭其煩地向你索取公司的業務開展情況、銀行信用情況、內部經營狀況等一切他們感興趣的資料。如果可能，他們還會從你的國內外用戶那裡去了解你的產品的使用情況和進行有關的市場調查，他們甚至還會直接或間接地和你的技術人員和工人座談，從你的其他業務夥伴那裡了解有關你的情況。這樣，等材料都齊備了之後，他們才會約你一起坐到談判桌前，而你立刻就會發現，他們的工作簡直是細緻極了，一點也不比查戶口的差。

作為談判人，你可以向主人提出參觀工廠、企業，以了解情況，獲取資訊。如果你做了賣方，你的目的是了解你的談判對方的加工條件、加工配套能力等；如果你是買方，那你就要仔細看看他的生產管理、成本控制、產品品質、產品包裝、倉儲條件、運輸能力等；如果你打算和對方合資開工廠或者合作營運，那你可要看得更加仔細，因為這不是一鎚子的買賣，它關係到你的一大筆投資是否會血本無歸。你要細緻地了解企業的生產設備狀況，連機器上的鏽斑都不要放過；了解企業職工的素養，看是否有人敢在上班時間織毛衣、打撲克牌；你要看看企業的信譽，是否有大量的用戶投訴；你要看看企業的原料庫和成品庫，如果前者空而後者滿的話，你應該仔細詢問一下產品積壓的原因。

收集對方的一切資料

在了解對方這一步驟中，你所做的調查必須客觀，除了客觀地取得證據，也要使自己對所彙集的資料產生信心。累積所得的資料，一定要有相當的準確性。這些累積的資料能使你應付談判中任何變化的情況。對於即將談判的對象，更應該盡其所能的搜集一切有關於他的資料。

身上流淌著猶太血統的季辛吉在每一次與外國元首會談時，他都要彙集對方所有的演講稿以及所有公開言論的有關記錄，甚至包括對方喜歡吃的早餐及愛好的音樂。對於如此廣泛、積極的研究資料，一般的談判是否有此必要，是值得討論的，但是對於季辛吉而言，他必須小心翼翼地做好各項準備，才能扮演好國務卿的角色。

對於調查過程中所彙集的資料，必須依靠個人的能力及經驗加以適當的應用，尤其有必要研究對手過去的經驗。例如：他過去任職的機構、團體；他完成的每一項工作、合約；以及所有他談判失敗的案子。通常從研究分析他失敗的原因中，比研究如何成功更能了解到那人的個性。若能仔細分析他失敗的原因，從中很可能知道他的想法、處理事情的方法以及心理的傾向。而這些都足以告訴你他所需要的是什麼，使你在談判中已先立於不敗之地。

比如：你可以研究對手過去的房地產交易，他所繳納的地價稅可以告訴你這筆交易的成交金額，當然，或許還有暗盤交易。所以不能只靠一項來源，一定要多方求證，建商那裡或許可以透露點消息。

這樣，你就可以了解你談判的對手，是個怎麼樣的人。從交易中可以知道這筆房地產在他手中有多長的時間，多少的利潤可以滿足他，這些因素都可以描繪出你即將遇上對手的個性。當然，想要很清楚的了解你的對手是不可能的。培根（Francis Bacon）在一篇評論文章中說道：

「如果你為某人工作，你必須知道他的個性習慣，因而順著他，引導他；知道他的需求，說服他；知道他的弱點，使他有所畏懼；知道他的喜好，從而支配他。在與一個詭計多端的人交易時，不要相信他所說的；他想要得到的，是絕不輕易開口的。談判不是一蹴而就的事。播種之後，必須等它成熟才能收割。及早做好一切準備，是談判的必要工作。」

值得注意的是，若是能有機會參觀他人書房的藏書，一定可以從中得到許多有價值的資料。可以觀察出他的興趣、嗜好以及思想的傾向。除了收集對手的資料並加以研究之外，對自己的工作夥伴也同樣要多加了解，以便屆時發揮最大的效力，避免有任何配合上的缺失。

另外一種有效的短期準備方法，是探聽對手是否曾涉入任何訴訟案件。只要對方涉入任何法律訴訟事件，就可以從中得到許多資料。對對方資料的收集完備與否、應答能力，都可以從中得知一二。

在研究一個談判專案時，要詳細審查有關的規則。但是很少有人能在了解規則之前先了解整個狀況。就像很少有人會詳細閱讀自己剛買回來的藥物或機器的使用說明書。這是一般人的通病。針對這點，有家玩具工廠在產品說明書一開頭就說道：「當所有的組合方法都不適用時，請參照這份說明。」事實就是這樣，若是有人參加拍賣會而未事先閱讀拍賣規則，一點也不覺得驚奇。一般人都是在吃虧之後，才學到這個經驗。

有時你會覺得你已熟悉了某項談判的規則，不需要再去看它。你不妨試試下面的這則測驗，用手遮住你的手錶，想想表上面是用阿拉伯數字還是羅馬數字。用同樣的測驗去試試你的朋友，或許你會驚訝地發現有那麼多的人無法回答。人的一生不知看過多少次手錶，但仍然會忽略某些地方。同樣的，對於談判規則也會因為太熟悉而忽略了某些部分。因此不論問題新舊，仍然需要仔細了解各項規則。

無論我們得到的材料多麼詳細而充實，我們對對方實力的估計，也僅僅是估計而已，對手的實力究竟如何，一般說總要到談判正式展開後，並經過相當的過程才能獲知。間接的永遠都只是局部的。在大多數的情況下，我們不可能一開始就對對手做出準確的判斷，總是不是偏高，就是偏低。這時，就涉及估計中的高低怎樣取捨這種技術性問題。

拳擊運動員都明白這樣一個道理，拳頭只有先收回來然後才能更有力的打出去。打仗也一樣，把對方估計得強一些，會使己方更加重視，從而做好備戰的各項工作，而輕敵則往往會失敗。同樣，較高地估計對方，可以主動積極地為自己留一點活動的空間和轉圜的餘地，在談判前高估對手，從表現上看像是自己在「長他人的威風」，而實際上卻是為了後發制人。

考察此次談判對對方的重要性

對於一個飢餓的人來說，一塊麵包、一瓶水的價值是多少？而一臺顯然貴重得多的冰箱的價值是多少？他會選擇哪一個？同樣的道理，賣主所賣的機器，如果能使買者的工廠自動化、效率化，賺取更多的利潤，這些機器對買者便有價值，而有關購買機器的談判對買者就會十分重要。

考察此次談判對對方的重要性的目的，在於合理地調整你的作戰方案。如果談判對雙方都很重要，那麼，沒什麼說的，好好談就是了。但如果對於雙方的重要性不是那麼同等重要時，你可就要注意了。

比如：如果一方對市場進行選擇的餘地比較大，而且市場上確實存在著多個供貨管道，那麼這一方會更加吹毛求疵；而當商品缺乏時，或者商品處於壟斷地位時，這一方的態度就會變得溫和多了。所以，當一方處於吹毛求疵的地位時，盡可以控制談判的形勢和進程，軟硬兼施，虛實結合、拖延期限等等，以迫使對方做出更大的讓步；但環境和形勢要求你不得不態度溫和時，則應該不卑不亢，善於拋出誘餌引對方上鉤。

多探求對方的需求，以此來分析對方對談判的重視程度，比簡單地埋頭於成本資料中重要得多，它會有事半功倍的效果。

下面這些方面將有助於考察與你談判的對方，對此次談判的重視程度：

- 假如雙方無法達成協議，那麼對方會有什麼損失？
- 本次談判，你的對手究竟想從你這裡獲得什麼？你知道他是否還有別的途徑獲得他想要的東西？
- 假如雙方達成協議，對方會從這裡得到什麼好處？
- 從長遠而言，此次談判是否能達成協議，會對其所經營的業務的現狀和近期的發展產生什麼影響？

- 雙方談判的動議是哪一方先提出來，並且正式列入日程的？
- 對方是否真有談判的誠意？他們是否能夠履行協議的義務？

凡此種種，你可以推斷出此次談判對於對方的重要性，雖然可能並不全面，但也有重要的參考價值。

預測分析對方談判目標

你應該站在對方的角度設身處地地去想他的談判目標。「設身處地」十分重要。這正如有時我們總感覺自己老闆態度凶神惡煞、方法專制，而不免心存不平之氣。然而當你站在他那個角度去看問題時，很多事情變得很容易理解。談判時你可以從對方的角度來思考下面幾個簡單的問題：

- 我希望對方做出怎樣的決定？
- 我自己究竟怎樣做才會促使他做出我希望的決定？
- 他在什麼情況下不會做出我所希望的決定？

這些問題將會幫助你積極地思考。與你相同的是你的對手的目標也應有一、二、三級，包含他最想得到的，他可以做出讓步的，最大限度實現自己利益的幾種方案等。而只有正確地判斷出對方的談判目標，我們才能在談判中更有針對性地掌握談判的「火候」。如果我們了解到對方最想得到的東西是什麼，那麼我們就可以讓對方得到他最想要的東西，同時使他付出更大的讓步為代價；預測分析出對方的談判目標，使我們能夠掌握對方實現目標最有利的因素和最不利的因素，從而避其主力、擊其要害，爭取好的效果。

了解談判對手的談判目標，首先要弄清商品的價格（成本價格＋利潤價格）、需求情況、付款方式、技術要求、放棄條款等。然後由大到小進行分析：

- 宗旨，即談判的概括目的，如：為了保證外貿收購任務的完成。
- 目標，如對方對此次談判利潤率的要求。
- 階段性目的，如對方第一階段可能達到的目的。

與此同時，分析對方可能用以支援目標的論點和論據。總之，整個過程就是你想像自己即將參加一場固定題目的辯論大賽，你要掌握對方可能提出的論點和依據，並且試圖以充分的證據證明論點和途徑。

既然你的目的已經十分清晰地出現在你的大腦中，接下來需要辦的就是怎樣去實現這一目的了。

在很多時候，如果雙方都將資料擺在對方面前，一五一十地說清楚，那麼談判也就會變得十分容易了。但是，實際情況往往是這樣的，也就是說，一切表面的東西也許都蘊含一種不為人知的、但卻暗中有著決定性作用的因素。那麼，在談判前，對這些因素作一個深入的分析，是會有些好處的。

幾年前，一位建商在當時很不被人們看好的一塊土地附近購買、開發了幾幢小別墅樓。這裡之所以不被看好的原因，是因為人們普遍認為城市的發展方向是向北，而不是向南，既不是這些別墅所在的方向，而且那裡離公路太遠了，以至於連條像樣的柏油路都沒有，連他自己公司的職員都抱怨去那裡無異於是去荒郊野外做一次灰頭土臉的旅行。於是，他漸漸也對這塊產業的投資失去了信心。一年半以後，一個人找到他，用很漫不經心的口吻要求將那塊地產轉讓給他，並說願意出建商當時投資開發這塊地產 2 倍的價格，並說自己喜歡那裡遠離城市的清靜環境。房仲則立刻透過自己的關係四處打探消息，終於知道在那些樓的附近，一個新的大型的商、住社區和幾條高等級的道路已規劃完畢，土地、房屋的升值幾乎是明天早晨一覺醒來就會發生的事。他說，當一筆意外的生意看起來似乎不像真的時候，那麼奇蹟可能真的就會出現了。

說這些只是想向你說明，有時候，你的談判對手之所以要與你進行談判，他的目的也許並不只是表面上的那些。但是，現代科學技術還沒有發展到使你一望而知別人想些什麼的地步，在這個時候，你也許更需要一些思索，或者乾脆問自己一下：「他為什麼這樣做？」多想一下總不會有錯。

但並非所有的談判都要求你去猜測別人隱藏在心中的目標，你也沒有必要對所有的談判都那麼小心多疑，否則，你也可能會失去一些絕好的機會。

對對方談判目標的分析，並不僅僅限於談判之前的那些準備，一個具有清醒頭腦的談判者，會在談判之中繼續發揮他的判斷分析能力，比如：他能分出性質不同的「拒絕」，是真的拒絕，還是策略性的或者猶豫性的拒絕，根據觀察推理，進而判斷和發現其內在本質。

對方談判代表能否拍板

作為一名談判代表，你願意看到下面這樣的場景嗎？雙方經過針鋒相對的舌戰，在雙方都已筋疲力盡的時候，終於得以鳴金收兵，交易達成了。一方說了：「我還得就這件事向我的上級彙報一下，只要他能批准，那麼一切就能定了。」此時，一方的熱情恐怕馬上就要冷卻下去，作為另一方的你又得進行令人不安的等待，而等待的結局顯然不會都令人滿意，當對方很抱歉地對你說，他的上級不批准這個協議的時候，你前面所做過的所有努力就統統付之東流了。

不知道你是否意識到一旦你的談判進入這樣一種狀況，這次談判無疑就已經成了被踢的皮球，你不得不在不同的對手之間換過來又換過去，你必須經受一種身體上與心理上的雙重折磨。一句話，你已經中了對方設計的圈套。

如果你在談判之前，並不是十分清楚將要坐在你的對面的談判對手是否有最後拍板的決定權的話，那麼，你就很有可能要冒這樣一種風險，在你起身與對方就協定的初步達成而握手言歡的時候，你的笑容突然凝固在臉上，接下來，你被不可預知其結果的等待折磨得身心俱疲，後來，你發現自己竟然接受了一個最初你想都沒有想過的條件。

你的對手抬高權威的目的，是想要將談判中的問題一層一層地遞上去，請求上級的批准，從而逼使對方一再談判，或者至少每到一層都得重複陳述他的論點。這對你而言，將是一種身體和心理上的雙重折磨。這個策略可以試驗出談判者的自信心，它能使對方的希望和要求因此破碎。

因此，在你準備談判之前，首先需要徹底研究與談判對手有關的有價值的資料。最起碼必須知道，對方組織內部決定做出的程序，以及與己方談判的人員在談判對方內部是否有決策的資格，即個人的地位、權威、力量等。了解談判對方組織中拍板的決定是怎樣做出的，誰具有決定權、誰審查他們，資金由何而來，最後仍決定由誰來做出等等。有的時候，你甚至可以從下列方面剖析對手的個人情況，如：年齡、經歷、家庭情況、性格、愛好、興趣、現狀等等。

雖然大多數的企業和公司很重視與客戶之間長期的合作關係，但是仍有一些公司對於與客戶的長期關係不加重視，他們也許認為買賣沒有什麼真誠合作可言，對於他們來講，每次談判所要做的就是談好這次的就可以了，如果你與這樣的對手談判，你應該擴大你向對方了解的範圍，例如：

- 了解對方公司的組織機構與運行規範方面的情況，以什麼樣的方式做出決策。
- 不要擔心直接向對方詢問他的許可權範圍時你會失去什麼，或給你的談判帶來不利。相反，從直接詢問中，你能得到的東西太多了。

- 詢問之後，對方閃爍其詞時，要窮追不捨。
- 了解一下如果你們的談判需要對方決策機關批准的話，大約會用多少時間。
- 可以直接向對方的主管詢問你的談判對手的許可權範圍，但對其回答僅能作為參考。
- 不要向對方透露你的權力範圍，對方問得緊時，你可以「顧左右而言他」。
- 隨時準備退出商談。
- 直接向對方亮出你方對談判者的許可權要求，間接提出應派級別對等者參加談判。

為了盡量避免這樣的情況出現，你需要充實你的談判計畫，首先要使己方的談判者引起注意，提醒他們對方可能會抬高權威，來降低自己的期望程度，並迫使我們讓步；其次，你得準備一旦這樣的事情發生，你的應對策略，即你不應失去你的風度，你不用親自去找對手上級說什麼，你只需悠閒地坐在那裡，就讓對方彙報去吧；第三，你也保留交由上級批准的權力，以其人之道，還治其人之身，以相同辦法有力地反擊對手。

用利益打動對方

若無利可圖，誰也不會和你談判，生意的本質就是公平地互相妥協，以此達到互惠互利。

猶太商人認為，談判雙方在立場上爭執不休難以達到目的，因為不同立場給雙方製造隔閡。要想使生意成功，雙方必須著眼於利益之上——因為利益才是談判雙方的共同點。

要打動對方，首先只能考慮能夠給對方什麼。你得了解對方希望要什麼？然後考慮自己能不能給對方這些東西。

這也是猶太商人談判的本領之一，找出自己和對方的共同利益，若無利可圖，誰也不會和你談判和你合作。生意的本質就是公平地互相妥協，看到這一點，談判才能進退自如。這就告訴我們，談判絕沒有百分之百的勝利者。雖然說誰都想占別人的便宜，這是生意場上的鐵律。但那樣的結果是誰也占不了誰的便宜。誰都一無所獲。談判的目的是兩個人都要占便宜。

所以，打動對方的方法是：首先考慮自己獲利，然後考慮在自己獲利的範圍內給對方什麼好處。

不給好處對方不予合作，你也無法獲利。給的好處小了對方興致不高，合作的可能性小，合作程度也小，你獲利也就少。只有給對方最大程度的好處，對方才能全力以赴。對雙方也才能取得最大的利益。

這是談判者必須懂得的最深刻的辯證關係，並要在談判中熟練地運用它。

只能調和雙方利益而不可能調和雙方立場，這種方法行之有效，其原因有二：其一，任何一種利益，滿足的方式有多種；其二，談生意雙方的共同性利益往往大於衝突性利益。

我們往往因為對方與我們的立場對立，就認為對方與我們存在利益上的衝突：如果我們防止對方侵犯利益，對方就一定想來侵犯；如果我們想降低房租，對方就想提升房租。但在許多談判中，只要深入審視潛藏的利益，就可以發現，雙方的共同性利益要比衝突性利益多得多。

以某房東與房客之間的共同利益為例：①雙方都需要穩定，房東需要穩定的房客，房客要找到時間長一點的居住地；②雙方都希望房間維護得很好，房客希望得到必要的維修，房東希望得到一定的愛護。除此以外，雙方還有些不同但不衝突的利益：①房客不喜歡房裡的油漆，房東則不願花錢重新粉刷所有的房間；②房東希望收取一定的押金以作保證，房客對押金太多而不同意。當考慮了上述共同利益和不同利益之後，雙方在低房租與高收益方面的對立利益就容易解決得多了。雙方的共同利益也許會促使他們簽一份雙方都滿意的合約，比如訂下長期合約，雙方共同承擔改善住房條件的費用。雙方作一些努力，不同的利益就可以得到滿足。當然，不要把調和雙方利益分歧的事想得太輕易 —— 這就好像一個人一手要把向北去的驢子拉回來，另一手又想把向南去的驢子拉回來一樣，有時費心費力，也未必能大獲成功。關鍵是要找到訣竅。

我們來看看姐妹倆爭吵一個橘子的故事。兩個人都要這個橘子，因此就一分為二。她們並未了解一位想吃果肉，另一位只想用桔皮烘烤蛋糕。這個故事如同許多談判案例一樣，圓滿的協議之所以有達成的可能，正是因為每一方所要求的是「不同」的東西。你了解了這一點，一定會感到驚異，人們一般都認為雙方的差異只會造成困擾。然而，「差異」有時卻能匯出解決問題的方法。

「協定」往往是基於「不一致」而達成的。假如股票購買人一定要說服售出人相信價格會上升然後才成交，那豈不是笑話。如果雙方一致認為股價將上漲，售出人就可能不想出手了。股票交易之所以能達成，正是因為購入者認為會漲價，售出者認為會降價之故。想法的差異，是達成交易的基礎。許多創造性的協定，都顯示出「透過歧異達成協議」這一原則。

在利益和想法上的歧異，可以使得某一專案對你有很大的利益，而對另一方則損失不大。調和雙方利益的第一個訣竅是：擬定一些你本身可以接受的選擇方案，然後徵詢對方偏好哪一項。你希望知道的只是對方偏好哪一項，不必知道對方可接受哪一項。然後你再細分對方偏好的那項選擇方案，將之分為兩種以上的不同方式，再請對方選擇。如果要用一句話來概括如何「契合」的話，那這句話就是：尋找對方損失有限而對你大為有利的方案；反之亦然。在利益上、次序上、信念上、預測上，以及對風險抱持的態度上有差異，正是雙方可以「契合」之處。因此，談判者的座右銘也可以是：「差異萬歲！」

調和雙方利益的第二個訣竅是：把雙方的注意力都放在談判的內容上。現在你正在設法尋找可以改變對方抉擇的各種選擇方案，以便對方做出令你滿意的決定。你要給對方的不是問題而是答案，不是困難的決定而是容易的決定。在這一階段中，你務必把注意力放在決定的內容上。決定常常會受到不確定因素的羈絆。你往往希望得到的越多越好，但又不知道得到多少才夠。你可能會說：「你說出來，我就知道夠不夠。」這在你自己看來，也許言之有理，但若是從對方的角度看，你就知道必須提出更令人信服的理由。因為不管對方做什麼或說什麼，你都會認為還不夠——你還想要多一點。要求對方再往前多走一步，並不會產生你心中期望的結果。

許多談判者都不能確切地知道自己向對方提出的要求是「形式上說說」還是「實際成效」，而這兩者的區別卻是至關重大。如果你希望的是「實際成效」，就不要使談判空間增設障礙。如果你希望讓一匹馬跳越柵欄，就不要再加高柵欄。如果你希望出售 3 角一杯的飲料，就不要為了自己有談判餘地而把價格定為 5 角。

多數的情形下，你想要的是一項承諾。你可以設法提供幾項可能的協議。在談生意中為了理清思緒而動筆，這是非常正確的。從最簡單的可能方案入手，然後擬出幾種可能性的選擇。對方會同意哪些條件對雙方都具有吸引力？可以在拍板時減少有發言權的人數嗎？你能拿出一份對方容易履行的協議書嗎？

一般而言，人們對尚未開始的事情打退堂鼓，對已經開始的事情則難以罷手；對已經進行了一階段的事情可能罷手，而對剛剛著手的全部行動則會努力進行。如果工人希望工作的同時聽聽音樂，則公司容易同意讓工人自行播放唱片，而不容易接受由公司播放音樂。由於大多數人都會受到「合法性」概念的強烈影響，所以，設法使解決方法具有合法性，是解決方法易被對方接受的有效方式之一。對方比較容易接受從公平、法律和榮譽角度出發自認為正確的事情。最後，猶太商人對調和雙方的利益表現出樂於接受的態度，也認為公正是唯一的保證。

時機很重要

商人不一定要有預知時機出現的能力，但一定要有敏感識別並抓住時機的能力。

猶太商人認為要想在談判中選擇最好的時機出手，必須切記以下三條基本的原則。

- **別輕易脫口而出**：對於任何一項提議，應該先花時間去考慮一下，看看當時的形勢是否需要某種時機的選擇，或者你是否可以利用時機的選擇得到好處。在沒有考慮清楚時，不要輕易地做什麼答覆。任何一次談判，它的實際情況 —— 性質、複雜性以及在進行中所獲知的某些資訊，都能幫助你了解什麼是時機，這個資訊，要與常識一起應用。假如你對你的對手一無所知，那麼，進行一筆交易的談判所要花的時間，顯然會長一些。如果對方被你一開始所做的那段介紹詞所打動，那你在再次介紹之前，最好和他交換一些意見。如果你知道對方接受交易的過程需要歷時數月，就不要試圖在幾個星期之後迫使他做出承諾。

- **別失去耐心**：我們常常受著要求立刻得到滿足這一欲望的驅使，公司的環境似乎更加強調了這種衝動。然而，即使我們能使別人照我們的意思行事，也難以做到讓他們照我們的進度行事。人和事物總是按照他們自己的節拍運動，幾乎從來不會照我們的時間表來行事。所以，我們勸告談判者，延緩追求瞬間能力，調整你自己的時間表以配合別人的時間表。對於談判者而言，有關時機選擇的各個方面，實在沒有比耐心更為重要的東西了。堅持不懈，正如通常所理解的那樣，談判的數字遊戲在於你向對方提出了多少個要求，又用多少耐心向他們重複要求。耐心和堅持不懈是你談判的基本準則。
- **不要懈怠**：在得到對方承諾時，談判的時機與何時應說什麼話、做什麼事同樣重要。你有你的頭腦為你做這項工作，它透過感官直覺計算出透過分析思維不可能得到的答案，時機的選擇就是把這些感官直覺轉換為有意識的行動或有意識的靜默。如果你把這份時間表想像為一筆交易的「全部時間」，或者想像為獨立於該項談判之外，上述的轉換過程就不費力了。

大多數交易似乎都有一個祕密的期限，它總是按照一種預定的程序和進度進行的。一次談判需要花費的時間，可以是幾小時，也可以是幾天、幾月甚至幾年。每一個階段的時機選擇——什麼時候和延續多久——通常是顯而易見的，正確的時機選擇就是依計行事，該做什麼就做什麼，該怎麼做就怎麼做。有些人在了解談判的必需程序後，就想尋找捷徑。因為急於成交，他們總想壓縮時間，或刪掉某些程序，他們看見了適當的時機卻置若罔聞，沒有對形勢做適當的誘導，這樣必然會讓談判寫下不愉快的結局。

要在談判過程中選擇適當的時機並不是一件容易的事，其實，每天都會有許多意想不到的時機出現在你面前，你並不一定要成為能預知這些良機的先知，但你卻必須敏感地對這些良機的重要性做出及時反應，引導事情朝著對你有利的方向發展，也就是說，你要會利用時機。

那麼，應該如何利用談判的最好時機做好事呢？

- **利用別人愉快的時機**：延長、續訂或重新簽訂合約時，千萬不要在這份合約即將滿期的時候去做，就如同要與對方達成於己優惠的交易要趁對方高興時一樣，你應該選擇對方心情愉快時去延長或者續訂合約。如果對方得到某個好消息，即使它與你無關，但它也為你提供了一個良好的時機，這時去向他提要求，大多會暢通無阻。當然，你的要求不能過度。
- **利用別人倒楣的時機**：別人倒楣或不幸的時機，能為你創造各種各樣的機會，正如你應該趁當事人最愉快的時候來續訂合約一樣，你就應該在這個可能成為買主的人，對你的競爭對手最感不滿時跟他達成一份合約。
- **你最好的交易對象是剛上任或快下臺的人**：新上任的人急於做些事，使自己出名，而他通常又被賦予充分的行動自由；即將離任的人，因為自己將不再為這樣一些頭痛的事四方奔走，也不再斤斤計較。
- **運用非常的時機**：在非上班時間、深夜或週末期間打電話，往往會有較大的效果。你一定要這樣開頭：「這件事太重要了，所以，我要在週末告訴你。」
- **花時間去緩和威脅**：選擇時機是緩和對方要求的最好辦法。我們可能迫使對方做出答覆，但又要做得使人聽起來不那麼別無選擇。
- **利用忙人的注意力**：比較繁忙的人，他注意力不會長時間地停留在某個問題上，所以你必須直來直往，你得有到他那裡就是為了聽他說話的心理準備。你應該少說幾句，把機會讓給別人，否則你只會引起別人的排斥感或心不在焉。

- **對事情的輕重緩急必須有個清楚了解**：如果你討論的問題很多，或者你要使對方接受的主意和專案很多，那就一定要為最重要的問題留下充分的談判時間。千萬不要把自己搞得相當緊張「我能再占用幾分鐘嗎？我的主要意見還沒說」的境地。有時機，卻不會充分利用，仍然對談判不在行！這是猶太商人的忠告。

猶太人在某些特殊的時候，他們會玩一玩拖延時間這一花招，最終在談判中穩占上風。

美方公司要求分公司經理矢部正秋先生解散他的分公司，但分公司員工不答應。矢部正秋先生採用以退為進的策略穩住了陣腳，正在等待員工辭職，結果分公司原來的經理高田背後搗鬼，搬來了總公司副總裁瓊斯先生。瓊斯的態度強硬，一方面宣布解聘矢部，工作由 S 律師代替；另一方面向分公司宣布，一個月後解散所有員工。

矢部正秋先生把有關文件移交給了 S 律師，就離開了分公司。

瓊斯公布了解聘矢部經理的告示，並正式通知員工，一月後全體解僱，瓊斯的態度是異常強硬的。

瓊斯宣布解僱通知後和員工洽談，結果被激怒的員工包圍起來，押進會議室，門外有人把守，以防他脫逃。

瓊斯只能求助於矢部，因為員工只允許他和矢部連繫。瓊斯在電話裡大吵大鬧，之後說：「這種狀態持續了 3 個多小時，顯然是暴力行為，希望你趕緊叫員警來。」

矢部答道：「我已不是你們的代理人了。」

「可是，員工只願和你談話，再說，日本員警不會為了這種事緊急出動的。」

「一個文明國家出這種事，員警不管，你就叫保鑣來趕走他們。」

「這只能使局勢惡化，我不同意。請你和員工代表通電話。」

矢部和員工代表談了話，說自己立即去看看。

矢部並沒有立即去，而是故意拖延時間。一來矢部已不是受聘經理，沒有快去的義務，真的去晚了瓊斯也不可能把他怎麼辦。另外，二度被邀出馬，可得擺點架子，抬高身價，所以不必太急。三得選一個合適機會。矢部算定了員工也不可能把瓊斯拘留時間太長，太久要違法的。

矢部就近找了一家咖啡廳，坐下來一邊喝咖啡一邊想戰術，同時也在等時間。矢部認為自己出現的時間應該是雙方都冷靜下來並且都感到疲倦的時候。這時候是展開談判的最好時機，雙方都會做出讓步。

既抬高身價，又便於開展工作，是矢部遲遲不出現的真正原因。

大約過了一小時，矢部起身向該公司走去。一邊走一邊在心裡嘲笑美國人，真是天真透頂了，毫不考慮兩國之間的文化和傳統差異，更不想自己身在異國他鄉，便貿然地採取強硬措施，結果鬧了個吃不了還得兜著走。

矢部慢條斯理地來到分公司，員工們看見他出現在面前，不約而同地露出如釋重負的表情。彷彿矢部成了他們的大救星。

矢部也看出了他們不知所措的緊張心情。矢部暗自高興，這對自己處理問題來說，絕對是個好事情。

「比各位先被開除的人回來了！」矢部和員工們笑著招呼道。

眾人聽後微微發笑。那種兩軍對峙的緊張氣氛頓時被這句話緩解了，隨之出現的是輕鬆愉快的氣氛。

矢部要求把瓊斯放出來和自己坐在一起。矢部是要讓瓊斯聽聽自己和員工的對話，並感受一下現場的氣氛。

員工說話也並非完全沒有道理，指責唐突的解僱通知，既然公司不肯遵守當初的約定，那麼他們寧可捨棄利益，也要使公司遭受重大打擊。

矢部只是聽，不反駁也不勸解。目的是讓瓊斯聽。矢部對員工不做任何保證，說公司代表是S律師，但也請大家給我個面子，到此為止，不可把事情鬧大。至於我，能給大家幫多大的忙就盡力幫多大的忙。

矢部帶著瓊斯走，沒有一個人阻攔。只有一個代表對瓊斯說：我們只認矢部，不與別的任何人談判。

事情後來當然是按矢部的意見完滿處理了。

談判是口才的角逐

談判很大程度上是口才的角逐。或言不由衷，或微言大義；或旁敲側擊，或循循暗示；或言必有中，一語破的；或快速激問；或絮語軟磨……要想取得談判的成功，必須善於鼓動如簧之舌，調動手中籌碼，不戰而屈人之兵。

猶太商人認為，對於談判用語的講究，至少要做到以下四點。

- **禮貌用詞，以和為貴**：在談判過程中，注意滿足對方「獲得尊重的需求」，可以為未來的合作奠定基礎。比如一位先生打完電話後，忽然發現身邊連零錢也沒有，只好拿出一張百元鈔票遞給管理員，不耐煩地說：「找錢吧，快點。我還有急事！」誰知對方很不高興：「對不起，找不開，去別處換吧！」這時，他的妻子走過來對管理員說：「先生，對不起，請你幫一下忙吧，我們確實有急事，孩子還在家等著呢！」結果，對方很大度地揮了揮手：「幾塊錢算什麼，可以走了。」妻子的成功之處就在於她對對方的尊重與禮貌。

在談判過程中，猶太商人即使受了對方不禮貌的偏激言詞的刺激，也會保持頭腦冷靜，盡量以柔和禮貌的語言來表達自己的意見，不僅語調要溫和，而且用詞都適合談判場面的需要。他們盡量避免使用一些極端的用語，諸如：「行不行？不行拉倒！」「就這樣定了，否則就算了！」等等。

- **不輕易加以評判**：在談判過程中，即使猶太商人的意見是正確的，也不會輕易地對對手的行為、動機加以評判。因為如果評判失誤，將會導致雙方的對立，而難以實現合作。比如當你發現對方對某項指標的了解是非常陳舊的，這時你如果貿然指責：「你了解的指標已經完全過時了……」對方聽了，顯然無法馬上接受，甚至會產生一些負面影響。如果改變一下陳述方式，則可能獲得完全不同的效果。比如可以這樣說：「對這項指標我與你有不同的看法，我的資料來源是……」這樣，就不會使對方產生反感，甚至會樂於接受你的觀點。
- **不輕易否定**：在談判時，經常會出現雙方意見相反甚至激烈對抗的情況，這時盡量不要直接選用「不」等具有否定意義、帶有強烈對抗色彩的字眼。這很容易造成無法收拾的局面，對雙方都沒有什麼好處。當對方不理智地以粗暴的態度對待猶太商人時，為了著眼於整個談判的大局，猶太商人仍會和顏悅色地用肯定的句型來表示否定的意思。當對方情緒激動、措詞逆耳時，猶太商人並不是寸土不讓、針鋒相對，他們有時會委婉表示：「我理解你的心情，但你的做法卻值得推敲。」讓對方在盛怒之中的拳頭打在棉花團上，有火也不能發。等他冷靜下來時，對你的好感就會油然而生。

另外，當談判陷入僵局時，猶太商人也不輕易使用否定對方的任何字眼，而是不失風度地說：「我已經盡了最大的努力，只能做到目前這一步了。」還可以適當運用「轉折」技巧，以免使「僵局」變成「死局」。即先予肯定，寬慰，再轉折委婉地表示否定的意思，而闡明自己不可動搖的立場。如「我理解你的處境，但是……」「你們的境況確實讓人同情，不過……」。雖然並沒有陳述什麼實質性的內容，但「將心比心」的體諒，使對方很容易在感情上產生共鳴，從而將「僵局」啟動。

- **善於轉換話題**：猶太商人轉換話題的目的在於：

  · 避開對己方不利的話題。

  · 避開無法立即解決的爭論焦點。

  · 拖延對某問題將做出的決定。

  · 把問題引向對己方有利的一面。

  · 透過轉換闡述問題的角度來說服對方。

  在談判時，應將重點放在對己方有利的問題上，不要深入探討或回答對己方不利的問題，可以繞著彎子解釋或者「顧左右而言其他」。如果這一招仍無法啟動僵局，可以建議暫時休會，讓大家放弛一下，以進行冷靜的思考。

下面我們具體針對猶太商人在談判過程中的提問、答覆、說服以及拒絕的技巧，作較為細緻的分析和講述。

提問的技巧

對於在談判中提問的技巧，我們將從三個方面講述。

提問的功能

提問的功能可以分為五種：

- 純粹為了引起他人注意，為他人的思考提供方向。比如：「你好嗎？」或「今天你去公司了嗎？」
- 為了取得自己不知道的情報，提問人希望透過發問，使對方提供自己一些新資料。比如：「這個要賣多少？」
- 發話人透過提問向他人傳達自己的感受，或者傳達對方不知道的消息。比如：「你真的能夠處理好這件事嗎？」
- 引導對方思緒的活動。比如：「對於這一點，你有什麼意見呢？」
- 以提問作為結論，也就是說，透過提問而使話題歸於結論。比如：「這該是採取行動的時候了嗎？」

在考慮提問的過程中，多做這類研究，對你會有很大的幫助。

如果你了解提問的多種功能，那麼，你在談判的過程中，就可以用恰當的提問，達到你談判的目的了。如果你把各種功能的提問都準備妥當，在談判中就能隨心所欲地控制談話的方向。你可以全盤性地想好各類提問，也可以從提問個別論點上來引導話題。在你對手的長篇大論中，你可以憑藉提問，恰到好處控制談話方向，向著你想談的主題上引。

下面我們具體舉例來說明提問的各種功能。

- **引起他人注意**。當對方問你說：「真是個美好的早晨，不是嗎？」像這種例行的提問，是表示友好、溝通感情的一種方式。換句話說，像

「你好嗎？」這一類提問，大都是根據這項功能產生的。下面再提一些比較特殊的例子：

·「如果……那不是太好了嗎？」

·「你會不會在意……」

·「你可以幫個忙嗎？」

·「對了，你說我會不會是這樣子……」

·「你可以告訴我……」

·「請你寬大為懷，准許我……」

根據這些功能，你就可以看出，這些例行提問很平淡，通常不會引起別人的焦慮不安。

- **取得情報**。這種提問的功能是為獲得自己不知道的消息。這類型提問的特色，是一定有一些典型的前導字句。例如：誰、什麼、什麼時候、哪裡、是不是、會不會、能不能等等。

  在提問之前，若是不能先把提問的意圖表明清楚，很可能會引起對方的不解和焦慮。

- **說明自己的感受，把消息傳達給對方**。有許多提問，表面上看起來像是要取得自己所期望的消息或答案，其實是把自己內心的感受，或是已知的資料傳達給對方。舉個例子來說：當你連著發出兩個問題：「我為什麼接受這個條款？」「我接受這個條款又有什麼好處？」對方聽了你這兩句話就會明白，你提的問題中，已經把你內心的感受轉達給他了。

  有一些提問會使對方的反抗意識更加激烈。比方說：

·「你說吧，你到底為什麼不同意？」
·「你又是這樣子……」
·「有哪一件事情你能順利地辦成……」
·「真的嗎？是真的嗎？」

有些時候，你為了引起對方的興趣，就可以說：「你曾經……」如果你希望對方處於被動狀態，可以這麼說：「這個問題是這樣的……你說是不是？」

在這類型的提問中，時常用到的字眼有：因為、如果你、你是不是、你會不會等等。

我們應該注意，當同一個問題重複地向同一個人問兩遍，這兩次的回答可能會不一樣。因為第一次的提問可能會改變他的態度，所以，他第二次的回答就會不一樣了。

◆ **讓對方好好地思考問題**。這種類型的提問有：

·「你是不是曾經……」
·「你現在怎麼樣……」
·「這是指哪一方面而言？」
·「我是不是應該……」
·「是不是有……」

這種功能提問常用的句式有：如何、為什麼、是不是、會不會、請說明等等。

若是被問的人覺得自己被侵犯了，他也會有焦慮的現象。

◆ **歸納成結論**。如果你想要引導對方談話的方向，而對方卻不願意受你控制時，這一類型的提問就會引起焦慮。而這種類型問題的開頭，往往是用下列這些句子做開場白，如：

·「這確實是真的，是不是？」

·「你比較喜歡哪一個？」

·「難道這是唯一的路嗎？」

·「你比較喜歡在哪裡？是那邊還是這邊？」

（2）提問的時機

- **在對方發言完畢之後提問**。在對方發言的時候，一般不要急於提問。因為打斷別人的發言是不禮貌的，容易引起別人的反感。
  當對方發言時，你要認真傾聽。即使你發現了對方的問題，很想立刻提問，也不要打斷對方，可先把發現和想到的問題記下來，待對方發言完畢再提問。這樣，不僅反映了自己的修養，而且能全面、完整地了解對方的觀點和意圖，避免操之過急，曲解或誤解對方的意圖。
- **在對方發言停頓、間歇時提問**。如果談判中，對方發言冗長，或不得要領，或糾纏細節，或離題太遠，影響談判進程，那麼，你可以借他停頓、間歇時提問。這是掌握談判進程，爭取主動的技巧。例如：當對方停頓時，你可以藉機提問：「您剛才說的意思是……」「細節問題我們以後再談，請談談您的主要觀點好嗎？」「第一個問題我們聽明白了，那第二個問題呢？」
- **在自己發言前後提問**。在談判中，當輪到自己發言時，可以在談自己的觀點之前，針對對方的發言進行提問。這時提問，不必要求對方回答，而是自問自答。這樣可以爭取主動，防止對方接過話茬，影響自己發言。例如：「您剛才的發言要說明什麼問題呢？我的理解是……對這個問題，我談幾點看法」。「價格問題您講得很清楚，但品質和售後服務怎樣呢？我先談談我們的要求，然後請您答覆。」

在充分表示了自己的觀點之後，為了使談判沿著自己的思路發展，牽著對方走，通常要進一步提出要求，讓對方回答。例如：「我們的基本立場和觀點就是這些，您對此有何看法呢？」

- **在議程規定的辯論時間提問**。大型經貿談判，一般要事先商定談判議程，設定談判的時間。在雙方各自介紹情況作闡述的時間裡，一般不進行談判，也不向對方提問。只有在談判時間裡，雙方才可自由地提問，進行談判。

在這種情況下提問，要事先做好準備，可以預先設想對方將可能提出的幾種答案，針對這些答案考慮己方對策，然後再提問。

在談判前的介紹情況時，要做好記錄，歸納出談判桌上可能出現的分歧，再進行提問，不問便罷，一問就要問到點子上。

(3) 提問的注意事項

- **注意提問的速度**。若提問時說話速度太快，容易使對方感到你不耐煩，甚至有時會感到你是在用審問的口氣對待他，容易引起對方反感。反之，如果說話太慢，則容易使對方感到沉悶、不耐煩，從而也降低了你提問的力量。因此，提問的速度應該快慢適中，既可使對方聽懂弄懂你的問題，又不要使對方感到拖沓、沉悶。
- **注意對手的心境**。談判人員的情緒影響在所難免，談判中，要隨時留心對手的心境，在你認為適當的時候，提出相對的問題。例如：對方心境好時，常常會輕易地滿足你所提出的要求，而且還會變得粗心大意，很容易透露一些相關的資訊。此時，把握機會，提出問題，通常會有所收穫。

- **提問後，給對方以足夠的答覆時間**。提問的目的，是讓對方答覆，並最終收到令我方滿意的效果。因此，談判人員在提問後，應該給對手以足夠的時間進行答覆，同時，自己也可利用這段時間，對對手的答覆以及下一步的提問，進行必要的思考。
- **提問應盡量保持問題的連續性**。在談判中，雙方都有各種各樣的問題。同時，不同的問題存在著內在的連繫。所以提問時，如果是圍繞著某一事實，則提問者應考慮到前後幾個問題的內在邏輯關係。不要正在談這個問題，忽然又提另一個與此無關的問題，使對方無所適從。同時，這種跳躍式的提問方式，也會分散談判對手的精力，使各種問題糾纏在一起，沒辦法理出頭緒來。在這種情況下，你的提問當然不會獲得對方的圓滿的答覆。

答覆的技巧

猶太商人認為，在談判中答覆問題，是一件很不容易的事情。因為談判人員對回答的每一句話都負有責任，將被對方理所當然地認為是一種承諾。這便給回答問題的人帶來一定的精神負擔和壓力。因此，一個談判人員水準的高低，很大程度上取決於其答覆問題的水準。

答覆問題，實質上也是敘述，因而，敘述的技巧對於回答問題通常也是適用的。但是，答覆問題並非孤立的敘述，而是和提問相連繫，受提問制約，這就決定了答覆問題應該有其獨特的技巧。

一般情況下，在談判中，應該針對對方的提問實事求是地正面回答。但是，由於商務談判中的提問，往往千奇百怪，五花八門，形式各異，但卻都是對方處心積慮、精心構思之後所提出的，其中有謀略、有圈套、有難測之心。如果對所有的問題都正面提供答案，並不一定是最好的答覆。

所以，答覆問題也必須運用一定的技巧來進行。

要想做較好的答覆是可能的。也許當你發現，只要稍做準備就能增進處理問題的能力時，你定會感到驚奇。首先，最重要的事情是，預先寫下對方可能提出的問題。在談判以前，自己先假設一些難題來思考，考慮的時間越多，所得到的答案將會越好。

以下的建議，在對付那些試探性的買方時具有較好的效果：

- 回答問題之前，要給自己一些思考的時間。
- 在未完全了解問題之前，千萬不要回答。
- 要知道有些問題並不值得回答。
- 有時候回答整個問題，倒不如只回答問題的某一部分。
- 逃避問題的方法是顧左右而言他。
- 以資料不全或不記得為藉口，暫時拖延。
- 讓對方闡明他自己的問題。
- 倘若有人打岔，就姑且讓他打擾一下。
- 談判時，有一些針對問題的答案，並不一定就是最好的回答。他們可能是愚笨的回答，所以不要在這上面花費工夫。

記得在美國水門案聽證會上的一位證人，他在許多眾議員的面前，整整坐了兩天，被問了數不清的問題，他卻幾乎連一個問題也沒回答。這個證人似乎一直無法完全了解對方所提出的問題。從頭到尾都在答非所問，同時還傻傻地保持著笑容，一副迷亂的樣子。最後，這個聽證委員會只好宣布放棄了。

回答問題的要訣在於應知道該說什麼及不該說什麼，而不必考慮所回答的是否對題。談判並不是上課，很少有「對」或「錯」，因此可做出確定而簡單的回答。

另外，通常當人們想要小心回答的時候，人人都會有一些特別愛用的詞句。當一個政治家遇到難題的時候，你可能會聽到他採用下列的詞句：

- 請你把這個問題再說一次。
- 我不十分了解你的問題。
- 那要看……而定。
- 那已經是另外一個主題了。
- 你必須了解一下歷史的淵源背景，那是開始於……
- 在我回答這個問題以前，你必須先了解一下這件事的詳細程序……
- 對我來說，那……
- 就我記憶所及……
- 我不記得了。
- 對於這種事情我沒有經驗，但是我曾聽說過……
- 這個變化是因為……
- 有時候事情就是這樣演變的。
- 那不是「是」或「否」的問題，而是程度上「多」或「少」的問題。
- 你的問題太吹毛求疵了，就像一個玩文字遊戲的教授。
- 你必須了解癥結所在，並非只此一件而是許多其他的事情導致這個後果，比方說……
- 對於這個一般性的問題，讓我們來個專題討論……
- 對於這個專門性的問題，通常是這樣處理的……
- 請把這個問題分成幾個部分來說。
- 噢不！事情並不像你所說的那樣。
- 我不能談論這個問題，因為……

- 那就在於你的看法如何了……
- 我並不是想逃避這個問題，但是……
- 我不同意你這個問題裡的某部分。

總之，要使自己的回答巧妙，令對方心服口服，除了要具有廣博的知識外，必須做到回答問題時，思維要有確定性。

說服的技巧

說服技巧是一種很複雜的技巧，其複雜性展現在如何從多種多樣的說服方式中，選擇一種恰當的方式，說服對方接受你的觀點。

說服對方的技巧主要有：

- 談判開始時，要先討論容易解決的問題，然後再討論可能引起爭論的問題。
- 如果能把正在爭論的問題和已經解決的問題連成一氣，就較有希望達成協議。
- 如果同時有兩個資訊要傳給對方，其中一個是較悅人心意的，另一條較不合人意，則該先講第一個。
- 強調雙方相同的處境要比強調彼此處境的差異更能使對方了解和接受。
- 強調合約中有利於對方的條件，能使合約較易簽訂。
- 說出一個問題的兩個方面，比單單說出一面更有效。
- 通常人們對聽到的情況，比較容易記住頭尾部分，忽視中間部分，所以應在開頭和結尾下功夫。當對方不完全了解討論的問題時，結尾比開頭更能給聽者以深刻印象。
- 重複地說明一個問題，更能促使對方了解和接受。
- 與其讓對方作結論，不如先由自己清楚地陳述出來。

此外還有軟硬兼施，旁敲側擊，先下手為強，後發制人，對症下藥，隨機應變等說服技巧，這裡就不一一介紹了。

在現實的商務談判中，說服對方往往不是單憑一兩種技巧就能實現的，而是多種技巧的組合。談判人員可根據在商務活動中累積起來的經驗，在準確判斷形勢後，靈活地選用上述說服技巧，或多種技巧的組合。

拒絕的技巧

談判中，當你無法接受對方所提出的要求和建議時，如果直截了當地拒絕，就可能立即造成尖銳對立的氣氛，對整個談判產生消極的影響。在拒絕對方時，必須講究技巧。

談判中拒絕的技巧很多，但其原則只有一個，既要明確地表達出「不」，又要讓對方能夠理解和接受，避免給對方造成傷害，為以後的合作保留一定的餘地，不要把路一下子堵死。

(1) 要有說「不」的勇氣

每個人都希望能討人喜歡，獲得別人的讚賞。據一項實驗顯示，大多數富於影響力的人，都希望獲得被影響者的歡心。事實上，他們等於在說：「照著我所說的去做，同時記住要喜歡我。」而那些無力去影響別人的人，則握有另一項有力的武器，即他們可以保有自己的喜愛和讚許。

一個強烈希望被別人喜歡的人，不可能成為一個好的談判人員。因為雙方談判的時候，也正是雙方利益衝突的時候。一個人必須具有冒險的精神，敢做別人所不喜歡做的事情。因此，採取對立的立場，或者回答對方「不」，並不是一件容易做到的事情。一個害怕正面衝突的人，很可能就會向對方讓步了。

這並不是說一個好的談判人員必須好戰，太喜歡爭論也會顯得過猶不及。談判乃是雙方之間一連串的競爭和合作，許多好戰的人往往很難和人合作；而強烈希望被人喜歡的人，卻又往往不敢面對現實解決衝突，因為他就是一個沒有勇氣說「不」的人。

(2) 要有說「不」的技巧

賣主不提供價格資料和成本分析表給買主，這是很不容易做到的。但是，倘若運用了下列的方法，即使是最堅持的買主也會讓步的。

- 這是公司的政策所禁止的。
- 無法得到詳細的資料。
- 以某種方式提供資料，使那些資料根本不產生作用。
- 藉口長期拖延下去。
- 向對方解釋無法提供資料的原因。例如：防止商業祕密或者專利品資料外泄。
- 解釋：倘若要綜合成本和價格分析表的話，往往需要很高昂的費用。
- 使買方公司的某個高級人員替賣方說明，賣方的價格一向很公道，否則早就經不起競爭了。

賣主所提供的資料，是和他所下的決心成正比的。說出一聲堅定而巧妙的「不」，對自己是相當有利的。

巧破僵局

在談判桌上，僵局無法躲避，也無從逃避。只有勇敢地面對僵局，勇往直前，才有可能出現「柳暗花明又一村」的新氣象。

許多談判人員都害怕談判過程中出現僵局。然而一帆風順的談判實在太少。

在猶太商人看來，談判陷入僵局是常事，而一旦陷入其中，對那些急性子的談判者肯定最不利！所以說，僵持戰術是專門應對急性子的談判者。原因是只要談判陷入僵局，時間就會沒盡頭地被延長，根本看不到有結束的希望 —— 這對那些希望一錘定音的談判者無異於當頭棒喝！

仔細分析與研究猶太商人應對僵局的技巧，我們可以總結出以下 17 個方法。

原則至上法

在某些談判中，儘管主要方面兩方有共同利益，但在一些具體問題上兩方存在利益衝突，而又都不肯讓步。這種爭執對於談判全面而言，可能是無足輕重的，但處理不當，由此造成導火線，就會使整個合作事宜陷入泥淖。由於談判雙方可能固執己見，因此如果找不到一項超越雙方利益的方案，就難於打破這種僵局。這時，設法建立一項客觀的準則 —— 讓雙方均認為是公平的，既不損害任何一方面子，又易於實行的做事原則、程序或衡量事物的標準 —— 通常是一種一解百解的樞紐型策略。

比如：兄弟倆為分一個蘋果而爭吵，雙方都想得到稍大的那一半。於是做父親的出來調停了，你們都別吵，我有個建議，你們中一個人切蘋果，讓另一個人先挑，這樣分好嗎？父親提出了一個簡單的程序性建議，兄弟倆馬上就停止了爭吵，而且會變得相互謙讓起來。

心平氣和法·

談判者可以透過各種管道搜集有關談判內容和對手過去和現在的資訊，尤其是談判中了解的新的、活的資訊。然而，怎麼了解這些資訊和如何評價談判對手更為重要，這是對資訊理解的結果。展現學習的理解結果要實現兩個突破，就是資訊對性質了解的突破和自我情緒的突破。

資訊性質了解的突破，是指談判者對舊的與新的，靜態與動態的資訊的本質，即消極與積極後果的認知，這是從表面到本質認知的突破。比如：禮儀問題，對手沒有正式著裝，了解到其因匆忙所致或隨意所為，這是表面認知。如追究其過，應不應該？此事在談判中應占多大分量？經過分析並做出結論，這一認知才是本質認知的突破。

自我情緒的突破，是指認知的回饋，自我情緒的效果。即當有了突破性的認知後，就應有正確的思想情緒，從而為化解僵局創造思想基礎。無意識形成僵局的爭執大多著重在情緒上，而不是針對交易條件，要破解這個僵局，先要調節自我情緒。當理解了資訊和對方後，心境自會平靜下來。心平了，氣自和。氣和，則僵局破。

及時溝通法

及時溝通，是指在關鍵時刻——不懂時、誤解時、發生衝突時以及有外界干預時，談判雙方能立即交換資訊與所持態度。在無意識形成的僵局中，及時溝通起的作用十分重要。溝通是彌補資訊缺陷的最好辦法，是從無意轉換為能動的有效措施。

當無意僵局發生時，應立即溝通資訊。「立即」是指「不錯過時機」。時機多為「當時」的概念，即若上午或下午談判發生無意僵局，則應爭取在當天或在事發之後立即處理，絕不拖到次日或更久。即時處理副作用最小，不讓無意僵局因時機錯過而難以澄清。

不管因為誰而形成無意僵局，都應積極投入處理。肇事者可以減少誤會，彌補過失，而被激者可以藉機考驗對方並為自己創造形象影響力。若是請第三者干預，這種主動性更是自救必須的條件。

角色移位法

所謂角色移位，簡單地說就是要設身處地，從對方角度來觀察問題。這是談判雙方實現有效溝通的重要途徑。當我們多一些從對方角度來思考問題，或設法引導對方站到我方的立場上來思考問題，就能多一些彼此的了解。這對消除誤解與分歧，找到更多的共同點，構築雙方都能接受的方案，具有積極的推動作用。

特別是在涉外談判時，常常有這種情況，有時談判陷入僵局，我們先審視己方所提的條件是否合理，是否有利於雙方合作關係的長期發展，然後再從對方的角度看看他們所提的條件是否有道理。如果善於用換位思考問題的方式進行分析，就會獲得更多突破僵局的思路。有時，這種換位思考是很有效的，一方面可以使自己保持心平氣和，在談判過程中以通情達理的口吻表達我們的觀點；另一方面可以從對方的角度提出解決僵局的方案，這些方案有時的確是對方所忽視的，所以一旦提出，就很容易為對方所接受，使談判順利地進行下去。

據理力爭法

遇到對方明顯理屈的情況，談判者一定要據理力爭。任何其他替代性方案都將意味著無原則的退讓，因為這樣做只能助紂為虐，增加對方日後的「胃口」，從自身來講，卻要承受難以彌補的損害。而和對方展開必要的鬥爭，讓他們知道自己的觀點站不住腳，就可能使他們清醒地權衡得失，做出相應讓步。

關心利益法

談判者是為了各自的利益坐到一起來的，但是在實際談判中，談判人員往往把更多的注意力集中在各自所持的立場上，當雙方的立場出現矛盾甚至對立時，僵局就不可避免了。雖然談判者的立場是根據自己的了解與談判做出的，但形成這種立場的關鍵卻是利益。有趣的是，在雙方處於僵持狀態時，談判者似乎並不願再去考慮雙方潛在的利益到底是什麼，而是一味地希望透過堅持自己的立場以贏得談判。這種偏離談判的出發點，錯誤地把談判看作是「勝負戰」的做法，其結果只會加劇僵局自身。若重新把注意力集中在立場背後的利益上，就可能為談判帶來新希望。

借用外力法

在政治事務中，特別是在國家間、地區間衝突中，由第三者出面作中間人進行斡旋，往往會獲得意想不到的結果。

談判也完全可以運用這一方法來幫助雙方有效地消除談判中的分歧，特別是當談判雙方進入立場嚴重對峙、誰也不願讓步的狀態之際，找到一位中間人來幫助調解，有時就會很快使雙方立場出現鬆動。

當談判雙方嚴重對峙並陷入僵局時，雙方資訊溝通就會發生嚴重障礙，互不信任，互相存在偏見甚至敵意，此時由第三者出面斡旋，可以為雙方保全面子，使雙方感到公平，資訊交流可以變得暢通起來。中間人在充分聽取雙方解釋、申辯的基礎上，能很快找到雙方衝突的焦點，分析其背後所隱含的利益性分歧，據此尋求彌合這種分歧的途徑。談判中的雙方之所以自己不能這樣做，主要還是由於「不識廬山真面目，只緣身在此山中」。

尋找替代法

有一句俗話：「條條大路通羅馬」，用在談判上也是恰如其分的。談判中一般存在著多種可以滿足雙方利益的方案，而談判人員經常只是簡單地採用某一方案，但當這種方案不能為雙方同時接受時，僵局就會形成。

談判不可能總是一帆風順的，雙方摩擦是很正常的事，這時，誰能創造性地提出可供選擇的方案——當然這種替代方案一定要既能有效地維護自身利益，又能兼顧對方利益——誰就掌握了談判中的主動權。不要試圖在談判開始就明確什麼是唯一的最佳方案，這往往阻止了許多其他可作選擇的方案的產生。相反，在談判準備時期，如果能構思對彼此有利的更多方案，往往會使談判如順水行舟，一旦遇有障礙，只要及時調撥船頭，就能順暢無誤地到達目的地。

利用矛盾法

一個談判者要善於抓住談判對手陣營中的矛盾，把矛盾作為打破僵局的突破口。有時僵局倒不是雙方協調不夠，恰恰是對方自身內部矛盾的後果。這時「以子之矛，攻子之盾」，就會使對方陷入進退兩難的尷尬境地。利用對方內部的矛盾進行巧妙的談判與鬥爭，使對方不得不付出造成談判僵局的代價。打破僵局的責任要由對方來負，就會促使對方尋找突破口，這樣無形之中，僵局就會被逐步地「消化」掉。

抓住要害法

打蛇打七寸，方能給予蛇以致命一擊；反之，不得要領，亂打一氣，就會被蛇緊緊地纏住，結果會消耗更多的時間、精力與體力，甚至賠上自己的性命。

把這一思想運用到談判中來，就是要善於撥開籠罩在關鍵問題上的迷霧，找出問題癥結所在，抓住要害進行突破；否則，無休止地在表面問題上爭執，既會傷了雙方和氣，又會使問題變得更加複雜，如果不小心，還會被對方抓住破綻，使自己陷入極其被動的境地。

借題發揮法

借題發揮有時被人們看作是一種無事生非、有傷感情的做法。但是對於談判對方某些人的不合作態度，或試圖恃強凌弱的做法，不用借題發揮的方法做出反擊，是很難使他們有所收斂的。相反，可能還會招致對方變本加厲的進攻，從而使我們在談判中進一步陷入被動。事實上，在一些特定的形勢下，抓住對方的漏洞，借題發揮，小題大作，就會帶給對方一個措手不及，這對於突破談判僵局會達到意想不到的效果。

倘若對方不是故意為難我們，而我方又不便直截了當地提出來，則以此旁敲側擊一下，也可讓對方知錯就改，主動合作。

臨陣換將法

臨陣換將，把自己一方對僵局的責任歸咎於原來的談判人員，不管他們是否確實應該擔負這種責任，還是莫名其妙地充當了替死鬼的角色。這種策略可為自己主動回到談判桌前找到一個藉口，緩和談判場上對峙的氣氛。非但如此，這種策略還含有準備與對手握手言和的暗示，成為我方調整、改變談判條件的一種標誌，同時這也是向對方發出新的邀請訊號，表示我方已做好了妥協、退讓的準備，對方是否也能做出相對的靈活表示呢？

有效退讓法

談判猶如一個天平，每當我們找到一個可妥協之處，就好比找到了一個可以加重自己要求的籌碼。在商務談判中，當談判陷入僵局時，如果對國內和國際情況有全面了解，將雙方的利益又掌握得恰當準確，那麼就可以用靈活的方式，在某些方面採取退讓的策略，去換取另外一些方面的利益，以挽回本來看似已經失敗的談判，達成雙方都能接受的協議。

跳出慣性思維

圖書館裡兩個鄰座的讀者，為了一件小事引起了爭執。一個想打開靠街的窗戶讓空氣清新一些，以保持頭腦清醒，有利於提升讀書的效率；一個想關窗不讓外面的噪音進來，保持室內的安靜，以利於看書。二人爭論了半天，卻不能找到雙方滿意的解決方法。這時，管理員走過來，問其中一位讀者為什麼要開窗，答:「使空氣流通。」她又問另一位為什麼要關窗，答:「避免噪音。」管理員想了一會兒，隨之打開了另一側面對花園的窗戶，既讓空氣得到流通，又避免了噪音干擾，同時滿足了雙方的要求。

這是個由立場性爭執而導致談判僵局的經典例子，例子中兩位讀者只在開窗或關窗上堅持自己的主張，誰也不肯讓步。在這種爭執中，當對方越堅持，另一方就越會抱住自己的立場不變，真正的利益被這種表面的立場所掩蓋，而且為了維護自己的面子，非但不肯做出讓步，反而會用頑強的意志來迫使對方改變立場。於是，談判變成了一種意志力的較量。

因此談判雙方在立場上關心越多，就越不能注意調和雙方利益，也就越不可能達成協議。或者即使最終達成了協定，那也只是圖書館的窗子「只開一條縫」或「半開」、或「開四分之三」之類的妥協，這種妥協撇開了那位管理員注意到的事實，即雙方達到目的的途徑分別是「空氣流通」和「避免噪音」，因而也就不可能使雙方都得到充分滿意。相反，因為談判者都不想太快做出讓步，或以退出談判作要脅，或步步為營。這些做法增加了達成協議的困難、拖延了時間，甚至使談判一方或雙方喪失了信心與興趣，使談判以破裂告終。

因此，糾纏於立場性爭執是低效率的談判方式，它撇開了雙方各自的潛在利益，不容易達成明智的協定，而且因為久爭不下，它還會直接損害雙方的感情，談判者要為此付出巨大代價。可惜的是，對於談判者來說，立場性爭執是他們在談判中最容易犯的錯誤，由此造成的僵局也是最為常見的一種。

有時候，跳出慣常解決爭議的思維方式，試著用第三種解決方式，往往可以使談判結果呈現皆大歡喜的局面。

退避三合法

對無意識形成的僵局，思想上應樹立非對抗意識，措施上要避免雙方陷入對抗的局面。

先退避三舍，即在事情發生後，犯錯的一方可採取「退避三舍」的態度，而不去糾纏對方。「三舍」是說，讓對方把氣撒盡，把怨言說盡。談判中類似「一石激起千層浪」的時刻很多，立即制止，反會引起更多的浪。再說，對方很難聽進。無奈地任其為之，反而不失為良策。事實上，當你穩住自己，關心地聽對方的數落時，他會有感受的。有時對方談判者在你的沉默面前反而消了氣。但是，此時你的臉部表情應「平和」，不要怒目圓睜，沉臉皺眉地冷視對手。與此相反，應該以委屈、無奈的目光與臉色對視對方，力求得到較好的效果，一般眼睛不要離開對手及其助手。

自緘其口法

談判者在與對手談判時出言務必要謹慎。有道是：「病從口入，禍從口出」。談判中更應嚴防失言。要做到講有掌握的話，聽說相宜，話有餘地。

首先要求談判者的所言要有根有據，切中話題，並有反駁對方之力。這裡強調了言之有據和言後的應付力效果。講有掌握之言，反映客觀依據，使之接近真理。同時，又反映在效果上，能夠說服和感染人。若一時不能說服人，則應有力量（理由）為自己辯護。

背水一戰法

背水一戰，如同釜底抽薪一樣，是一種有風險的策略。它是指在談判陷入僵局時，有意將合作條件絕對化，並把它放到談判桌上，明確地表明自己已無退路，希望對方能夠讓步，否則情願接受談判破裂的結局。這樣做的前提是雙方利益要求的差距不超過合理限度，則對方有可能忍痛割捨部分期望利益，委曲求全；反之，倘若雙方利益的差距實在太大，是單方面的努力與讓步所無法彌補的，談判也只能由此收場了。

博聞強記多問

對猶太人而言，廣博的知識不只是用來作為談資，更重要的是：知識可以開闊他們的視野，幫助他們從多個角度看待問題，以便選擇解決問題的最佳途徑。

猶太人博聞強記並不是天生的，他們一方面精於心算，另一方面又非常勤奮，時時動筆。

猶太人愛做記錄，卻並不隨身攜帶筆記本，而是買到香菸抽完後，把菸盒裡的錫箔紙抽出來，在背面做記錄，給人很隨意的感覺。回家後他們再重新整理。

在談判中，猶太人也是用這種方法做記錄，日期、金額、交貨期限、地點，樣樣要清晰明白，不得有誤。談判中的這種記錄實際上是猶太人生意交易的備忘錄。

一次，猶太人與日本人洽談了一筆合約。

「好像談判時交易日期定的是某月某日，先生你記得有誤嗎？」時間一到，日本人有點想拖後耍賴。

猶太人根本不吃這一套，鋁箔紙背面的記錄就是他們的原則。他毫不客氣地說：

「不，是你記錯了，應該是這一日，我談判時的記錄非常清楚和準確。」

猶太人在談判中很少吃虧，而且使談判更實際、更準確，這當然得益於博聞強記。

一般來說，憑空回憶談判內容不太可能，因為在會議進行過程中，有許多細節需要記住，所以要一邊談一邊做記錄，在諸多記錄中最理想的一份應該算是協定備忘錄，它除了記載主要協定專案之外，還可以做為正式協議的基礎。

起草備忘錄的工作最好由己方來做，輕易勿讓談判對手去做。這當然不是存心要占對方的便宜，而是要將己方對於協議的了解，用自己的概念去表達。

在提交備忘錄之前，最好每位組員都看過一遍，以避免不該發生的錯誤或者漏洞。如果對方要閱讀備忘錄，也應該為其提供充分的時間，並修正一些雙方都同意更改的內容。

備忘錄強調的重點應在於簡明易懂的內容，而不是要標準的法律術語，這樣才可避免雙方認知上的混亂。如有可能，除價格、運送方式、保證期、品質規格等議題之外，最好把所有討論的問題連同說明，一齊寫入備忘錄。

如果備忘錄由對方書寫，己方應該採取以下防範措施。

- 備忘錄起碼要由兩位以上組員看過，還要盡可能將「不妥」之處挑出來。
- 遇到問題馬上解決，即使是原先認為已經談妥的問題，也不惜多花時間重新討論。
- 如果你有理由信任你的對手，則繼續保持這種態度；如果你覺得沒有安全感，則不妨針對各項細節，一一查問。
- 若有你不喜歡的用詞，就動筆修改。
- 不管時間拖得多晚，只要你覺得不能接受，就不要簽字。
- 最後 1 分鐘才改變心意，也用不著不好意思。有家大企業定有一項政策：出席談判者在談判之前，必須各自擬好一份備忘錄。這麼做一是為將來正式擬寫作模式，二來又使自己一方有個循序漸進的目標。

確定協定備忘錄之後，別忘了在正式簽訂合約時，把備忘錄拿出來對照一下。若發現與事實不符之處，務必即刻提出，甚至可以暫時中止簽約而重新與對方商量。一定要有勇氣做這件事，不然要吃虧。有些人甚至連合約內容看一遍都懶得看，更不想見到合約中「有異」的地方，怕破壞了簽訂協定的和諧氣氛，而這正是對手想充分利用的最好機會。

要認真仔細大膽，不可做功虧一簣的事情。

猶太人在盡可能了解對方方面，總是不遺餘力的，大有一種「打破砂鍋問到底」的氣派。

他們對其他人種、其他國民的生活和心理、歷史，則表現出超過專家的好奇心，甚至希望了解到這個民族未公開的東西。猶太人旅遊每到一處之前必定下很大功夫去了解該國的歷史、地理、風土人情、宗教習慣，乃至旅遊中出現的各國人種都要分辨得清清楚楚。猶太民族由於 2,000 多年的流散和慘遭迫害，迫使他們出於自衛的本能而不得不詳細地研究各國的民族性，然後才能「對症下藥」求得生存。正是這一歷史的原因，使他們無形中養成了一種對任何事都感興趣並「打破砂鍋問到底」的精神。

猶太商人不恥下問，不將不熟悉的問題弄清楚絕不輕易談判。也正是這種認真的精神，才使他們做事謹慎小心，在商戰談判中永立不敗之地。

一個猶太人打電話給一位日本朋友，要借車旅行。這位日本人因擔心這位首次來日本的猶太朋友對日本很陌生，便友好地表示：「你要到京都一帶的名勝古蹟遊覽，我可免費導遊。」「謝了，我的準備很充分。」猶太人借到車後，便帶上地圖和導遊手冊獨自啟程。幾天以後，那個猶太人滿意而歸，把車還給了日本人，並請日本人一塊吃飯。餐桌上，猶太人掌握機會向日本人提問：「日本男人在外面一般不穿和服，為什麼回到家中反而穿和服呢？」「為什麼和服是白色的領子，白色不是最容易髒嗎？」「為什麼日本人吃飯要用筷子？湯匙不是更方便嗎？筷子是不是日本貧窮祖先的遺物？」「……」那個日本人被問得暈頭轉向，都無心吃飯了，但是猶太人不問清楚自己想知道的東西，絕不甘休。正是他們這種「打破砂鍋問到底」的精神，才使猶太商人掌握了豐富的談判知識，成為世界公認的明智商人。

必須控制好情緒

談判桌上絕不是發洩情緒的地方。即使發生意外，或者對方故意激怒你，你也要強行以理智控制情緒，冷靜以待。

猶太商人認為，感情用事者不宜談判。一是情緒混亂會延緩談判的進行；二是會導致談判失敗。更可怕的是，感情用事往往會容易上當。

商業談判時，一定要用理智來控制感情。理智的第一要務是如何獲取經濟利益。但猶太人自己卻常用情緒左右對方。

理智地對待感情

在談判過程中，有時雙方會產生激烈的爭執，此時「處理情緒」遠比「說話」重要（情緒，包含談判者的「感受」）。因為兩位當事者都充滿了激烈的情緒，根本沒有共同協商來解決問題的心情，因此，才會抱著上戰場一決勝負的心情進行談判。一方的情緒，又很容易刺激對方，而恐懼則會導致憤怒，憤怒反過來又會引起恐懼。於是，情緒阻礙了談判的繼續進行，使談判陷入僵局，甚至破裂。

談判開始前，首先要認真觀察自己是否變得神經質？胃有沒有不舒服？對方是否感到憤怒？試著聽一聽對方說話，並感受一下對方的情緒，然後把自己的感覺，諸如恐懼、擔心、憤怒，或者自信、鎮定一一記下來，這對你將會有極大的幫助。接著，再對對方作相同的分析。

在與某一組織的代表人物談判時，我們經常犯的錯誤，就是把對方看成是傳達事件的傳聲筒，完全忽略了對方的情緒問題。事實上，他們也和你一樣，也有恐懼和希望等各種感受。說不定談判的結果會影響他的職業生涯，因此對於某些問題他會特別敏感，某些問題他會引以為榮。情緒問題不僅僅限於談判者本身，甚至在他背後的團員或選民也同樣有情緒，而且可能比談判者還要單純，說不定只看到事態的一面，他們就馬上露出明顯的敵意。

誘發情緒的因素有哪些？什麼事情使得你發怒？對方為什麼生氣？是不是因為過去的不滿而產生報復的念頭？是不是對某一問題所產生的懷恨而影響了另一問題？還是家庭的因素影響到工作？

要想解決情緒問題，雙方都必須坦誠地說出自己的感覺，這才有助於雙方間的了解。

說出自己內心的實際想法，是絕對有利的。把自己和對方的情緒問題坦誠地拿出來討論，不但能強調問題的嚴重性，而且能夠削弱談判時「針鋒相對」的氣氛，也能促使談判趨於積極的一面。由於壓抑的情緒得到緩解，實質問題的討論便能較順利展開。

要想應付對方的憤怒、沮喪或其他的反感等情緒，最巧妙的方法是給對方一個發洩情緒的機會。人們一旦把自己的不滿告訴別人，就會有一種解脫感。如職業婦女在下班回家後，正想開口告訴丈夫這一天在公司裡不順心的事，丈夫就搶著開口說：「好了！我知道，你的工作相當辛苦，對不對！」如果丈夫真地這麼脫口即出，妻子的沮喪情緒會更強烈。

談判者亦是如此。假如能設法讓對方把心中煩悶的情緒通通發洩出來，他必然能夠理性地進行談判。不過，要特別注意在談判者背後的影響力。如果對手能堂而皇之地說出他的憤怒，那麼對手的支持者就會認為他很有骨氣、非常可靠，於是，他在談判時會具有更大的裁決權。一旦他在本公司樹立起了「強人」的形象，在以後進行談判時，就會更有威信。

所以，當你接受對方的指責時，不要阻擋，也不要逃避，讓對方有機會發洩他的不滿。如果讓對方的關係者聽見他指責你時的演說，情況會更為有利。因為不僅談判者本身需要發洩他的不滿，就連他背後的支持者的不滿也得發洩。

用「我」代替「你」

在談判時，一般人都習慣於責怪對方的企圖或動機。但是在針對問題時，不宜以對方的意圖與言行來說明問題，而要以你對問題的感受來描述問題才更具有說服力。

例如：猶太商人會把「你不遵守諾言！」改為「我感到很失望！」假如指責對方說：「你所相信的是錯誤的！」對方一定會生氣，或者乾脆忽視你的話，不留意你所關心的事。但是，假如你說：「我有這樣的感覺！」對方便不能說你在撒謊；同時也不至於引起他情緒性的反應，或遭到他的拒絕；而且，你也能夠在平和的氣氛中，把自己的觀點傳達給對方。

功夫在桌外

以私人身分去了解談判的對手，對於談判的順利進行有很大的幫助。「和陌生人談判」與「和熟識的人談判」，兩者的情形是完全不同的。對你而言，「陌生人」只是一個抽象的名詞，因此，你容易採取冷漠的態度。如果談判的對象是同學、同事或朋友，情形就大不一樣了。假如你能盡快使談判的對方變成熟人，談判就容易進行了。而且，這樣做對了解對方的為人與背景資料也比較容易。即使再困難的談判，若能在這種熟知的關係下互相培養信賴的心理，將能使雙方意見的溝通更為順利。

要形成這種友好關係，談判開始之前就應該進行工作。盡早與對方認識，研究對方的好惡，積極地製造私下的見面機會。在談判前，盡早和對方交談；談判結束後，也不要急著掉頭就走，多談一些題外話，讓彼此都鬆懈下來。

人、事要分家

如果談判雙方不能將人的問題和談判的內容分開，而且認定彼此處於對立的狀態，那麼，有關實質內容的討論，也會被視為在攻擊對方。這時，雙方都會一心一意地維護自己的利益，反駁對方，而不可能去注意對方的正常利益和所關心的事。

要想有效地進行談判，雙方都必須要認定對手是自己並肩作戰的戰友，是共同尋找對彼此有利和公正解決方法的夥伴。

就好比發生沉船事故後，共同搭乘一條救生艇的水手，雙方也許會為了爭取有限的食物，而把對方看成敵人，是多餘的一分子。可是，如果他們想要生存下去，就必須要把客觀問題和個人問題分開。他們知道每個人對藥品、飲水、糧食的迫切需求。並且，還會進一步把保存雨水、搖槳等視為求生的共同問題，而且同心協力，共渡難關。唯有把對方視為解決共同問題的同伴，才能夠調整彼此對立的利害關係，從而增強共同的利益。

談判中當事人之間也是如此，應將雙方的對立關係調整淡化為利害與共的合作關係，而且彼此要互相協助、研究，倘若有了這種共識，達成協議也就不難了。

為了使對手了解雙方的關係不是對立，而是以互相協助為目的，你可以將問題坦誠地向對手提出來。例如：「我們都是律師（或外交官、企業家、一家人等）嘛！如果你的要求無法得到滿足，我的要求也就無法滿足，因此，如果只使單方面得到滿足，問題還是無法解決的，讓我們共同研究能使雙方的要求都滿足的解決方案好嗎？」

如果你能夠主動地表示，談判是雙方互相協助的交流，對手也會認為你的做法是理想的。

把人和事分開，並非一次就夠了，而應該把它經常放在腦海裡，持續不斷地努力。最有效的方式，就是和對方保持良好的私人關係，按照問題的事實或價值來解決問題。

像紳士一樣講究穿著

猶太商人非常看重談判時自己的著裝講究。他們希望外表一定跟紳士相仿，一方面表示尊重對手，另一方面也給對手留一個好的印象。這樣可以在一定程度上輔助談判成功。

猶太人從小就受到這樣的教育：人在自己的故鄉受到什麼樣的待遇與其風度有關，在別的城市則取決於服飾。這是說，對一個人的評價在故鄉並不看重衣著，因為人們對他的言行比較了解。但一個人如果遠在異鄉，他的外貌特徵、衣飾裝束和言談舉止就成為評價一個人的主要依據。在猶太人看來，正式談判時，因為場合比較莊重，穿著也要有所講究。衣服要乾淨合適，符合禮儀；堅決不能穿奇裝異服，給對方不夠持重的形象感。

目前商界談判很注意對手的穿著打扮，看對方穿的是什麼品牌的西裝、襯衫、領帶、皮鞋、皮帶等；戴的是不是寶石戒指或白金手錶，以此來判斷對方的財力。如果你穿得很寒酸，人家就對你失去了信心，談都不要談就打道回府了。所以，過於簡陋的衣服，最好不要穿著上談判桌。但是，過於華貴的衣服也輕易不要穿著上談判桌，以免顯得過於虛浮和炫耀，你的穿著應給人一種穩重的深藏不露的印象才好。

當然，也有人充分利用這一點，把自己收拾打扮得非常有派頭，口袋裡空空如也，然後以表面現象來騙人錢財。但這些人只能騙小錢，真的大錢光憑穿得好是騙不去的。

俗語說：「佛要金裝，人要衣裝。」猶太人認為，在談判桌上唇槍舌劍，一定要給人一種權威和信賴感。這兩種氣質，除了有賴於本身的素養之外，完全有必要靠良好的穿著來烘托。

一般來說，深色的西裝，尤其是深藍色或暗灰色的成套西裝，容易使穿著者帶有一種權威的味道。而且對於談判人員來說，衣服的式樣絕對不宜過度時髦，否則會給人一種虛浮的感覺，因而降低了穿著者的身分。下面是一個談判人員在衣著方面應該注意的四個問題。

- 衣服顏色越深，越有權威感。談判人員想表現出一種具有權威而可信賴的氣質，就應該穿深藍色或暗灰色的衣服。同時，談判人員的衣服剪裁要合身，而且要選用高級布料，這樣才能相得益彰。
- 襯衫的顏色要與上衣及長褲成強烈的對比。比如說，穿深藍色的上衣和長褲，最好穿純白色的襯衫。
- 不要購買流行不到半年以上的衣服。談判人員不必在衣著上過度新潮，因為這樣會給人輕浮的感覺。
- 如果要和下屬一起參加談判，談判人員必須先想好如何在衣著上與他們或其他人稍有不同。

至於其他細節，比如領帶方面，談判人員不能選擇太花或太俗氣的領帶，應以條紋、圓點、花格子等式樣的為佳，因為稍素一點的不但比較具有權威感，也不俗氣。再如其搭配方法，如果談判人員穿花格西裝上衣，最好打一條素色領帶緩和一下；而穿深色襯衫，則配以淺色領帶。

衣著雖然只是一個人的外表，但在還沒有機會把自己內在能力表達出去之前，它常會左右別人對你的第一印象。所以，如果你能帶給別人初步的好印象，起碼不會在尚未表現自己之前，就遭到對方的否定。否則，你即使有再好的能力也等於零。

事實上，絕大多數談判人員都很注意自己的外在形象，都能意識到穿著打扮的品味對談判很重要。因此，在步入談判室前，總要對著鏡子特意打扮一番，看領帶是否平整，頭髮是否凌亂，化妝是否恰到好處，唯恐因衣著的粗俗和裝飾的不雅，而令對方看不起或產生笑話，影響談判。但是，談判人員不可忽略儀表所能展現的另一種魅力作用，那就是臉部表情。很少有人意識到表情將會對談判產生影響。人的心理是藏不住的，七情六欲常常不經意地流露在臉部這個晴雨表上。有時，在談判桌上你的表情往往成了洩密的「叛徒」。所以，猶太商人在談判前總是細心地注意調整自己的心境和表情。

第七章　播種金錢收穫幸福

舊約時代的猶太人有個傳統：捐獻 1/10 的收入，連農夫也不例外。農夫會把 1/10 的收成再埋回土裡，不要大地失血太多，然後再保留 1/10 的收成當作來年播種的種子。

獲得金錢最保險的方法

有人花了 25 年的時間，研究猶太超級富豪的生活。他們對金錢方面的建議，值得我們學習：「獲得金錢的最保險方法，就是先捐錢。了解到這一點的人是幸福的。」

我們知道，猶太有錢人不僅會捐獻很多錢，而且還是從很早就開始捐獻了。在他們能力幾乎還不到捐錢的時期，他們已經開始養成捐錢的習慣，他們從很早的時候就以不同的方式表達他們的感謝。

舊約時代的猶太人有個傳統：捐獻 1/10 的收入，連農夫也不例外。他們會把 1/10 的收成再埋回土裡，不要讓大地「失血」太多，然後再保留約 1/10 的收成，當作明年播種的種子。另外，他們也會每十年休耕一年，讓大地有喘息的機會。

這種傳統後來成為猶太有錢人的習慣，把 1/10 的收入捐獻給予收入較低的人。你可以時常發現，事業有成的猶太人在商場上可以是個鐵石心腸的冷面殺手；但另一方面，對需要幫助的人而言，他們擁有一顆最「溫柔的心」。

毫無疑問，有些人純粹是因為自我的動機才捐錢。當然也有很多人喜歡公開捐錢，因為他們想要製造廣告效果。不只如此，有些人喜歡幫助別人，部分原因是他們可以感覺自己高人一等。

但對於需要幫助的人而言，這種爭論是無意義的。他得到錢的時候，上面也不會掛著牌子說：「這是因為虛榮才捐獻的錢」。他們能用這筆錢，解決他們最頭疼的一些問題。

讓人感到驚訝的是，經常捐獻 1/10 收入的人，幾乎沒有金錢上的困擾。在金錢方面，他們不僅特別幸運，事實上，他們也確實擁有較多的錢。

為什麼定期捐獻 1/10 的收入，基本上比那些 100%收入都留為己用的人還要有錢呢？為什麼 90%會比 100%還多呢？猶太人認為有下列原因。

- **助人為快樂之本**：施予比接受更幸福。只關心自己的人是孤獨、不幸且沮喪的。只將注意力集中在自己身上的人，也是孤獨的。

  「治療」失落感的最好方法很簡單，就是關心別人。傷心和沮喪的人，通常都將注意力太集中在自己身上；如果把心思集中在幫助別人上，可以將自己引出悲傷的情境。幫助別人等於幫助自己。
- **施予的時候，你證明並提升了金錢的價值**：現在你可以證明，金錢可以用來做好事，當然也可以證明金錢是好的。當你利用金錢幫助別人、改善他們的生活時，等於強化了這個想法。同時你也用這種方式，以負責的態度處理金錢，也因為你做好事，進而提升了金錢的價值。
- **金錢需要流動**：當你能夠施予的時候，代表「謝謝，我還有很多我自己用不到，所以可以施予他人。」這種錢財剩餘的想法能夠幫助你與金錢建立自然的關係：由於沒有太高估金錢的重要性，所以你更能享受金錢。

  對你而言，金錢是流經你生命的另一種形式的能量。僅僅把這種能量握在手上的人，阻礙了自然的能量流動。而施予越多，生命中就會流入越多的能量。你會更相信，還會有更多的金錢流入你的生命中。

  捐錢同時也證明你對自己以及宇宙中能量流動的信任。當你利用這種方式，使對自己及對宇宙的信任不斷增大時，你期待有更多的錢流入你的生命中。

孤單地生活，彷彿世界上只有你一個人一樣，實在是很不智。而且這種生活不管對你個人或是社會都沒有幫助。我們需要別人把我們從獨處的洞穴中拉出來，而別人也需要我們。

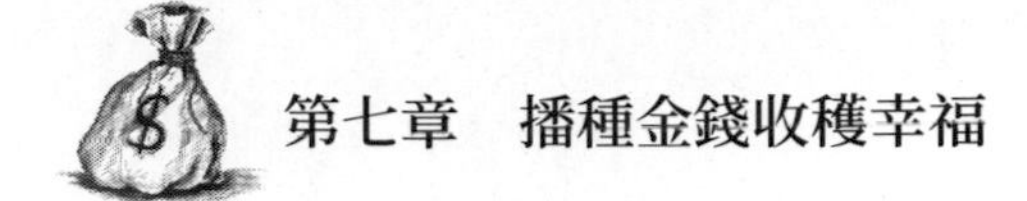

這裡有兩個簡單但深層的認知：第一，團結力量大；第二，當整體都好的時候，個人也會比較好。

我們不能單獨看待個人的幸福，而忽視周圍人的情況。

一位著名的拉比曾說：「在現在這個互相連結的世界上，個人和國家無法單獨有效地解決人們的問題，我們彼此需要。我們必須發展一種負責的感覺，保護和維持地球上人類家庭以及弱勢同伴，是我們個人也是群體的義務。」

有猶太人曾舉「樹」作例子，來解決沒有人是單獨存在的問題。「我們發現，樹籠罩在一個極端細緻的關係網中，這個網包含了整個宇宙：小雨落在樹葉上，風輕輕搖動樹木，土壤提供養分，四季和氣候、陽光、月光與星光——這些都是樹的一部分。所有的這些，都是幫助樹成為樹的因素，它不能和任何因素分離。」

愛人者，人恆愛之。金錢也一樣。你給世界金錢，世界也會回饋你金錢。

一個負責任的人，不會坐視別人陷於困境而袖手旁觀。世界上分配的不平等影響到人類的幸福與和平。即使是在解決分配不平等的道路上也是黑暗的，終而導向戰爭。

所以，在這條黑暗的道路上，明亮的路燈所能提供的光明特別重要。世界正是需要這種代表路燈的人。也或許正是因為這個原因，世界會給他們更多有力的工具，好讓他們綻放更大的光亮。

施予最能讓人感受生命力和能量，所以出自感謝和責任的施予是最好的良醫，或純粹基於對生命和對人類的愛。

幸福的條件是，我們要享受我們擁有的。當我們有所回饋時，最好的方法就是用有責任的行為作為回答。

我們可以利用捐款來播種金錢。這種負責任的方法，就是奇蹟發生的條件，讓我們播種後的金錢開出美麗的花朵，結出幸福的果實。

慈善捐款得人心

《舊約．利未記》中說：在你們的土地上收割莊稼，不可割盡田角，要留給窮人。

為了保障和加強族裔的安全，猶太人熱心運用財富和時間行善，並且推動社會運動。猶太人雖屬少數民族，但所奉獻的金額卻高得讓人難以置信。儘管一般的刻板印象認為猶太人很吝嗇，但事實上，猶太人是最有善心的族裔之一。在美國，美籍猶太人的力量強大，主因是他們善於組織和動員經濟力量。他們的慈善捐贈不但支援散居世界各地的猶太人族裔，也協助個別猶太人在經濟上往前進。

《塔木德》中寫道，「你能夠施捨多少錢，就會有多富有。」在整個猶太族裔中，猶太人的施捨使他們變得更有錢。此外，猶太人了解族裔自立自強時，等於控制了自己的命運。猶太人有一句諺語說：「出錢的人講話最大聲。」這種自給自足的哲學適用在人道協助上，也適用在遊說政府、影響和猶太人利益有關的問題上。猶太人相信，如果族裔依賴別人的資金，就會變得臣屬於出錢的團體。

在美籍猶太人的慈善和政治活動中，就可以看出猶太人是富有、慷慨和活躍、自由的族裔。一般美國人捐贈的金額占可支配所得的2%，相形之下，猶太人的這個比率達到4%。猶太聯合捐募協會（United Jewish Appeal）每年推動勸募，從占美國人口2%的猶太人當中，每年收入超過10億美元。猶太聯合捐募協會募集的捐款，除了可能低於救世軍（Sanation

Amny）之外，已超過美國任何個別的慈善團體，包括美國紅十字會、天主教慈善機構（Catholic Charities）和美國癌症協會。

在 1997 年，猶太人的全部捐贈金額大約有 45 億美元，其中 15 億美元捐給包括猶太聯合捐募協會之類的團體組織；20 億美元捐給猶太教會；7 億美元捐給以色列；2.5 億美元捐給教育、宗教和族裔關係機構。在美國最慷慨的捐款人當中，猶太人十分突出。美國《價值雜誌》（*Worth*）在 1999 年 4 月列出當年的 100 個「大善人」中，有 35 位是猶太慈善家。這本雜誌的排行榜特別有意義，因為其中計算了已經動用的終身捐贈金額。排行榜中，高居榜首的是猶太商人索羅斯，他的慈善捐贈已經超過 20 億美元；全球首富比爾蓋茲排名第 15，但他不是猶太人。

猶太人的慈善捐款數目驚人，不只是因為猶太人有錢，也是因為猶太人要發動組織良好的大規模募款活動，以便推展猶太人的目標。這可以作為其他團體的模範，學習如何推動有效的募款活動，以便年年達成募款目標。

在猶太人社群中，總會有一個當地的猶太協會機構。在中世紀的歐洲，猶太人維持著一種機制：分配食物與衣服給窮人，為旅客提供住宿的房間，為新娘提供嫁妝，支援孤兒寡婦，並且為去世的人提供墓地。

若不是猶太人自立自強的話，根本不會獲准到北美洲定居。新阿姆斯特丹殖民地的領袖史塗威森曾拒絕讓猶太人進入這個殖民地，一直到猶太人保證照顧自己族群的老弱病殘後，才同意他們定居。不過事實上，如果猶太人不是建立這個殖民地的荷蘭東印度公司的大股東，他們很可能還是會遭到拒絕。從此以後，美國猶太人一直維持著一些自助機構，包括猶太人的宗族團體、猶太兄弟會與美國女性錫安主義團體哈達莎（Hadassah）組織。

猶太人的慷慨、大方的確穩當可靠，因此，在猶太人的傳說中，有一個經常出現的人物，那就是自信爆滿的乞丐。

有一個乞丐苦苦哀求一位家庭主婦，施捨他一點食物。她可憐他，於是就請他到餐桌旁，在他前面放了一個盤子，高高地堆了黑麵包和查利麵包；查利麵包幾乎是黑麵包的兩倍價錢，但乞丐並沒有碰比較便宜的黑麵包，卻大吃特吃查利麵包。

這位主婦越看越生氣，終於問他說：「你沒有想過查利麵包的價格是黑麵包的兩倍嗎？」

「我想了很多次，」乞丐愉快地回答說，「夫人，請相信我，你所花的每一分錢都值得。」

在很多情況中，有時候是為了因應反猶太主義，猶太人慈善活動所創造的機構還會造福整個社群，包括非猶太人在內。例如：醫院不允許猶太醫生執業時，猶太人就自己蓋醫院，對所有醫師和病人開放。另外，因為其他人的排外政策，猶太人也創立了很多鄉村俱樂部和男士俱樂部。事實上，所有的猶太慈善家中，只有 10%的人限制自己的捐款僅限於協助猶太人。猶太人是捐贈大戶，大學、圖書館、醫院、博物館、交響樂團和歌劇團則是最大受惠者。

在國際層面上，對猶太人而言，支援以色列是至為重要的事情，以色列也收到了很慷慨的支援。世界各地的猶太人遭到威脅時，美籍猶太人很快就會支援，例如衣索比亞的猶太人面臨飢荒，還有俄羅斯猶太人在蘇聯解體之後，面臨重新安置的需要時。有時候這種需要十分迫切，1973 年的贖罪日戰爭開始時，以色列遭到突襲。當時美國是早上，美國的猶太人正穿著盛裝，去參加猶太教堂的儀式。猶太聯合捐募協會立即做出令人驚異的反應，在一週內，籌募了 1 億美元的現款，緊急協助以色列。

猶太人和非猶太人對慈善捐贈的看法不同。猶太人從小受教育，認定慈善是根源於社會正義的義務，而不是基於愛心或可憐其他同胞。在希伯來文中，慈善這個字眼的字根是「正義」；在拉丁文中，慈善的字根是「愛心」；同樣地，在希臘文中，慈善的意思是「對人類的愛心」。猶太人施捨時，常常提到的說法是為了支持社會正義，因為猶太人擁有遭到歧視的長久歷史。

猶太教很實際，特別注重結果，如果要他們去比較 5 美元的愛心捐款和 100 美元的義務捐款，他們會認為金額大的捐款比較好，因為可以做更多好事。

在猶太教裡，最好的捐贈是促使接受捐贈的人獨立自主。12 世紀的學者和哲學家邁摩尼德斯（Moses Maimonides）認定，慈善可以分為八級。

- 勉強施捨的人。
- 仁心施捨，但是未盡全力的人。
- 施捨恰如其分，但是在被人要求後才施捨的人。
- 沒有人要求就自動施捨的人。
- 不知道誰是受惠者，但是受惠者知道誰是施主的人。
- 無名氏施主。
- 不知道受惠者的無名氏施主。
- 利用捐款或貸款以協助別人自立自強，或協助他人獲得技術或找到工作的施主。

此外，《舊約 · 利未記》說明了一種「聖典」，「人類能夠聖潔是因為上帝是聖潔的，但是我們表現這種聖潔的方式，大部分不是透過對上帝的行為，例如崇拜、沉思或犧牲。聖典是以我們對其他人的責任為中心。」

猶太教堂和其他教會有一個重大的差別，就是猶太教堂維持運作的方式很實際。猶太教堂不靠每週自動收取奉獻，而是很像世俗的運動俱樂部一樣，有效地向每一個家庭收取會費。由理事會訂出預算，再根據猶太教堂年度需要的花費預算出會費。大部分的收費計畫都有某種形式的減免規定，減收單身年輕人、新移民家庭和老年人的費用，好讓他們付得起。猶太教會不收取 1/10 的奉獻，因為大部分教友都是專業人士，假如照 1/10 的比率收取費用，會超過教會的需求。訂出收費表，也比每週收取奉獻有道理，因為美國猶太人很少每週都上教堂做禮拜。

另一方面，對於很多跟教會關係疏遠的猶太人，以及環境不好的人來說，年費可能高得讓人負擔不起。此外，最重要的猶太禮拜儀式，例如：猶太新年和贖罪日的宗教儀式，經常只限於交了全額會費的教友參加。讓我們看看下面一則小故事。

贖罪日這一天，一位男士來到猶太教堂，顯得很激動。警衛在入口看著大家的入場券，當這名男士想要走進去時，警衛擋住他說：「你的票呢？」

「我沒有票，我只是想找我哥哥戴德邦，我有件重要的事情要告訴他。」

「這個說法有點道理，但總是有像你這樣的人想要溜進去，參加重大節日的禮拜儀式。算了吧！朋友，到別的地方去試試。」

「說真的，我跟你保證，我必須告訴我哥哥一些事情，我只停留一分鐘。」

警衛看了他很久說：「好吧！我就假設你說的是真的。你可以進去，但是別讓我逮到你在裡面祈禱！」

美國猶太人形成一種獨特的行善模式，大大地影響了美國慈善事業的結構。他們普遍採用協會和基金會的模式，目的是彙集眾人的資金，以建立支持每年費用的機構，發展維持慈善活動的基本結構。慈善機構如果是靠即收即用的錢過日子，長久後可能會碰到困難，而當資金短少的時候，重新勸募可能更加困難。通常大家對興建建築物都很用心，但是要維持和充分利用建築物，卻需要持續不斷的努力。

波士頓猶太人協會是美國的第一個猶太人協會，創立於 1895 年。一個世紀以後，美國共有 178 個猶太人協會為猶太人服務。這些協會都是公開的基金會，彙集個人的捐款從事社區服務。現在約有 7,000 多個由猶太人創立的獨立基金會，由個人或家族出資，資產總額估計在 150 億美元左右。在這些私人的基金會當中，有些創辦人已經過世，但是大部分的創辦人或創辦人的後代仍然控制資金的運用。

除了傳統的機構和基金會之外，富有的個人還自行創立特別的慈善機構。《華爾街日報》在 1998 年 5 月報導，有一個組織鬆散的祕密小組，由美國 20 位最有錢和最具影響力的猶太企業家組成，叫做「超大團體」或「研究團體」。這個團體由有限公司董事長韋納和施格蘭公司共同董事長布朗夫曼於 1991 年創立。

這個團體一年集會兩次，每次集會兩天，成員在會議期間，會參加一系列和慈善事業及猶太人有關的研討會。這個團體的成員在面對第一代移民年華逐漸老去，對納粹大屠殺的記憶逐漸模糊，仍然設法維持慈善活動的動力和猶太人的認同。這個團體由巨富組成，讓成員能夠尋找夥伴，追求個人的目標，而且學習彼此的成功經驗和挑戰。其他教會也有類似的聯合會議，但是很少像這個團體一樣，由這麼高階的企業家組成。

超大團體的成員都保持低調，因為他們不希望跟現有的猶太人機構競爭，他們推動自己認為有重大影響的計畫。例如：建立讓猶太人白天上學的學校，或推動出生權計畫（Birthight Ptoject）之類的行動。出生權計畫負責把地球上所有願意回歸以色列的年輕猶太人，都送回以色列。1997 年，前投資基金經理人史坦哈特推動猶太人教育夥伴計畫，獲得 1,900 萬美元的支持，其中 150 萬美元是由超大集團中 6 位有興趣的成員捐出。

超大集團的成員包括夢工廠的史匹柏、魯氏公司董事長狄許、貝果大亨藍德、美國健保公司創辦人亞伯蘭森和投資人兼芝加哥公牛隊老闆之一的柯朗。

猶太人在慈善上的另一個重要方面，是創立了猶太人無息貸款協會(Jewish Free Loan Societies)，直接協助移民和其他有需要的人。全美國大概有 40 個這樣的機構，每年無息貸出大約 4,000 萬美元的貸款。這些協會由當地的猶太人出錢支持，正如《舊約．出埃及記》中所寫的一樣，「我民中有貧窮人與你同住，你若借錢給他，不可如放債的人向他取利。」

這些協會設立的宗旨是要貸款給沒有資產、沒有信用記錄或只有一點點的人，貸款金額比較小，通常是銀行不願意承作的貸款。20 世紀初期，這是猶太新移民從事商業、自立自強所依賴的方法。在紐約，猶太人會用這些貸款，買手推車上的第一批貨物。如今，這些貸款經常用來當作買房子的首期款，或用來購買二手車，讓新移民至美國的猶太人可以去上班。

這些機構讓人驚訝的是，大都也訂有放款給非猶太人的政策，這是迫切需要的社區服務，而且是改變根深蒂固偏見的有力方法。《華爾街日報》曾經刊出以下報導：

F 先生需要一筆錢以便讓母親從泰國難民營飛到美國來，但他在餐廳當侍者，沒有什麼擔保品，因此銀行拒絕了他。於是他去找貸款協會，協會很快就開了一張 2,000 美元的支票給他，且不收利息。這種慷慨的行為對天主教徒的 F 先生是一個重大的啟示，他在 1984 年從越南到美國之前，從未碰到過猶太人。F 先生表示自己聽說猶太人「自私小氣」，可是他發現實際上正好相反，他說：「別的人都不肯貸款給我。」

可惜的是，很多貸款協會因為賴債率高，最近已經改變一視同仁的政策，只服務猶太人。20 世紀 90 年代初期，鳳凰城無息貸款協會，每年的呆帳率達到約 10%，而且幾乎所有的呆帳都跟猶太人無關。鳳凰城無息貸款協會資產流失，只得勉強改變政策，只貸款給猶太人，但是大多數協會仍繼續貸款給所有的人。

洛克斐勒的財產去向

金錢可以做壞事，也可以做好事，關鍵在於用之無道還是有道。

在 19 世紀與 20 世紀之交，許多曾使美國工業蓬勃發展的大人物陸續離開人世，對於他們的龐大家產將落在誰的手中，不少人都極為關心。人們預料那些繼承人大多數將難守父業，會白白地把遺產揮霍掉。

就以大名鼎鼎的鋼鐵大王約翰 · W · 蓋茲來說，他曾在鋼鐵工業界因冒險而贏得「一賭百萬金」稱號。後來他把家產傳給兒子，兒子卻揮霍無度，以致人們給他取了一個渾號叫「一擲百萬金」。

自然，人們對於世界上最大的一筆財產，即猶太富豪約翰 · 戴維森 · 洛克斐勒先生的財產今後的安排也很感興趣。這筆財產在幾年之中將由他的兒子小約翰 · 戴維森 · 洛克斐勒（John Davison Rockefeller, Jr.）來繼承。不言而喻，這筆錢影響所及的範圍是如此廣泛，以致繼承這樣一筆財產的人完全能夠施展自己的財力去改變這個世界……要不，就用它去做壞事，使文明推遲 1/4 個世紀。

此時，在老洛克斐勒晚年最信任的朋友、牧師蓋茲先生的勤奮工作和真心的建議下，他已先後出了上億鉅款，分別捐給學校、醫院和研究所等，並建立起了龐大的慈善機構。這也給小洛克斐勒提供了一個機會，他同時又牢牢地掌握住了這一種機會。

小洛克斐勒曾回憶說:「蓋茲是位傑出的理想家和創造家,我是個推銷員 —— 把握時機地向我父親推銷的中間人。」

在老洛克斐勒「心情愉快」的時刻,譬如飯後或坐汽車出去散心時,小洛克斐勒往往就抓住這些有利時機進言,果然有效,他的一些慈善計畫常常會徵得父親同意。

在 12 年的時間裡,老洛克斐勒先後投資了巨額款項給慈善機構:醫學研究所、普通教育委員會、洛克斐勒基金會和蘿拉·斯佩爾曼·洛克斐勒紀念基金會。

在投資過程中,他把這些機構交給了小洛克斐勒。

在這些機構的董事會裡,小洛克斐勒具有積極的作用,遠不只是充當說客而已。

他除了幫助進行摸底工作,還物色了不少傑出人才來對這些機構進行管理指導。他應慈善事業家羅伯特·奧格登(Robert Ogden)之邀,和 50 名知名人士一起乘火車考察南方黑人學校,做了一次歷史性的旅行。回來後小洛克斐勒寫了幾封信給父親,建議創辦普通教育委員會。老洛克斐勒在接信後兩個星期內,就撥了 1,000 萬美元。一年半以後,繼續捐贈了 3,200 萬美元。在往後的 20 年裡,捐贈額不斷增加。

洛克斐勒基金所捐贈的範圍極其廣泛和複雜,足以給人造成一種超級慈善機構在高效率運轉的印象。

事實上,美國政府在 20 世紀後半葉辦理的衛生、教育和福利事業有許多是洛克斐勒在 20 世紀初葉就發起的。

某些基金還用於資助科學技術方面的拓荒工作 —— 在加州建造了世界上最大的天體望遠鏡;在加州大學裝置了有助於分裂原子的 184 英寸迴旋加速器。

在美國，有 16,000 名科技人員享受了洛克斐勒基金提供的工作費用，他們當中有不少世界一流的科學家。

除經營那些龐大的慈善機構外，小路克菲勒還獨力去做他畢生愛好的工作之一：保護自然。早在 1910 年，他就買下了緬因州一個景色優美的島嶼，僅僅是為了保護這裡崎嶇起伏的自然美。他在島上修路鋪橋，既方便了遊客又保護了自然。後來他把它們全部捐給了政府，成為阿卡迪亞國立公園。

1924 年，他在周遊懷俄明州的黃石國家公園時，看到公園道路兩旁亂石碎礫成堆，樹木東倒西歪，為此大吃一驚。一問，才知是政府拒絕撥款清理路邊。於是，他立即花了 5 萬美元資助公園的清理和美化工作。5 年之後，清理所有國立公園的路邊就成為美國政府一項永久性的政策。

據統計，小洛克斐勒為保護自然花了幾千萬美元：

建設阿卡迪亞國立公園花去 300 多萬美元；

購買土地，把特賴思堡公園送給紐約市花了 600 多萬美元；

替紐約州搶救哈德遜河的一處懸崖花 1,000 多萬美元；

捐贈 200 萬美元給加州的「搶救繁榮杉林同盟」；

160 萬美元給了優勝美地國家公園；

16.4 萬美元給謝南多厄國立公園；

花去 1,740 萬美萬元買下 33,000 多畝私人地產，把提頓山脈的著名景觀「傑克森洞」完整地奉獻給大眾；

小洛克斐勒最大的一項義舉是恢復和重建了整整一個殖民時期的城市——維吉尼亞州殖民時期的首府威廉斯堡。

那裡的開拓者們曾經最早喊出「不自由，毋寧死」的口號，這塊地是美國歷史上一塊「無價之寶」。

小洛克斐勒親自參加恢復和重建每一幢建築的工作。他授權無論花多少錢、時間和精力，也要重新創造出 18 世紀時期那樣的威廉斯堡。

結果，他總共付出 5,260 萬美元，恢復了 81 所殖民時期原有建築，重建了 413 所殖民時期的建築，遷走或拆毀了 731 所非殖民地時期的建築，重新培植了 83 畝花園和草坪，還興建了 45 所其他建築物。

1937 年，美國政府透過一項法律，把資產在 500 萬美元以上的遺產稅率增加到 10%，次年又把資產在 1,000 萬美元及 1,000 萬美元以上的遺產稅率增加到 20%。即便這樣，老洛克斐勒 20 年中陸續轉移、交到小洛克斐勒手裡的資產總值仍有近 5 億美元，差不多和他父親捐掉的數字相等。老人給自己只留下 2,000 萬美元左右的股票，以便到股票市場裡去消遣。

這筆龐大的家產落到小洛克斐勒一人身上，大得令他或其他任何人都吃喝不完，大得令意志薄弱者足以成為揮霍之徒，但小洛克斐勒從來就把自己看作是這份財產的管家，而不是主人，他只對自己和自己的良心負責。

走出大學以來的 50 年中，小洛克斐勒是父親的助手，然後全憑自己對慈善事業的熱情胸懷花去了 8,220 萬美元以上，按照他的看法用以改善人類生活。他說：「給予是健康生活的奧祕……金錢可以用來做壞事，也可以是建設社會生活的一項工具。」

他所贊助的事業，無論是慈善性質還是經濟性質，都範圍而影響深遠，而且都經過他從頭至尾的仔細調查。

「我確信，有大量金錢必然帶來幸福這一觀念的改變，但它並未使人們因有錢而得到愉快，愉快來自能做一些使自己以外的某些人滿意的事。」

說這話的人是老洛克斐勒，但徹底使之變為現實的卻是他的兒子小洛克斐勒。

對他來說，贈予似乎就是本職，就是天職，就是專職。

從小洛克斐勒的事業中，我們可以看到，金錢和道德理想結合之後，給人類帶來的巨大益處和影響。

第八章　商人楷模成功典範

通往商界成功的路程漫長而又曲折。在深一腳淺一腳的前行中，人們需要榜樣。榜樣能給人們前行的動力，榜樣的力量是無窮的。

猶太商人中成功的榜樣很多，在體會他們創業的艱辛與喜悅的同時，我們更應注意到他們成功的經驗。

房產大鱷里治曼

里治曼兄弟三人：阿爾波、保羅和拉富，因二戰的爆發隨父從歐洲逃至北美洲。在美國和加拿大，他們一步一步將生意從小做大，最終一舉成為北美洲的房產大鱷。

里治曼兄弟進入房地產，完全來自於一個偶然的想法。然而，正是緣於他們在偶然中發現商機的這份能力，將這三個猶太兄弟的事業帶入了一個大有所為的領域。

1960 年，加拿大溫哥華的里治曼兄弟把 4 年前創辦的瓷磚公司正式改名為「奧林芭亞樓板及牆壁瓷磚有限公司」，規模由小至大，同時自建了一座倉庫，公司便一躍成為大型建築材料公司。

在建築廠房過程中，里治曼處處精打細算，杜絕每個浪費的機會，而且，建廠使用的大部分材料，均由自己公司供給，價格便宜，因而，他們的廠房比別家成本低數成。里治曼兄弟也從其中領悟到出售建築材料的利潤遠不及做建築業。從而，他們就兼做建築生意，主要是為一些集團公司承建工業樓宇和貨倉廠房之類。

當時，在民用建築業方面發展還不甚大，只因那時加拿大人多住木製房屋。許多公司出售箱裝木房，購買後只需按照圖紙便可蓋成，即使自己不動手，請上幾名木匠也很容易做好，因而，建築業在民房方面發展不甚大，只有公司、工廠的樓宇及貨倉、廠房屬於鋼筋水泥結構的需要招標承建。

里治曼以低廉的價格、優質的服務，在投標競爭中，獲得了大量承建權，建築盈利頗豐，很快超過了出售建築材料的利潤。

緊接著，里治曼兄弟又邁出了第二步，即由承建樓宇進一步發展到自購地皮建築廠房，然後出售或出租。這樣獲利就更大了，特別是1960年代的多倫多，工商業發展十分迅速，地價連年成倍上漲，廠房、貨倉、樓房、辦公大樓等建築的需求量也日益增加，非常暢銷。

隨著工商業的迅速發展，里治曼兄弟的房地產業一日千里，高速發展，到1963年，他們在工業樓宇建築上已名聲大振。

1965年，里治曼又踏上了事業發展的第三步。他們收購了一家面臨倒閉的房地產公司，以2,500萬元加幣獲得了該公司的600英畝地產，其中包括若干幢已落成的住宅大廈。自此，公司在業務方面又上了一個臺階。

里治曼兄弟將可供發展的地皮繼續建造商業大廈，形成了一個完整的商業和住宅區，建成之後，出租率很理想，為里治曼家族帶來了豐厚的利潤。

里治曼兄弟的地產不斷向前發展，除了多倫多之外，他們還向蒙特婁、溫哥華投資，建築樓房等用於出租。1970年代，他們集團主要建造商業樓宇，如店鋪、辦公大樓等，廠房的比重在慢慢減少。他們也建造一些公寓式住宅大廈，以作收租之用，但由於當時加拿大人仍以住木房為主，只有大公司才建造一些公寓大廈，因而這個比例不大。在加拿大經營的同時，里治曼兄弟也已放眼美國紐約等一些大城市，因為加拿大的房地產業已在趨近飽和，他們必須尋求更大的發展機會。

1977年，美國紐約出現了金融危機。一些財團資金流通不暢，急於把產業拋售。

里治曼兄弟認為這是進軍紐約的良機，於是，他們果斷地出資3,200萬美元，一口氣在紐約曼哈頓區購入了幾幢商業大廈（今天，這幾座大廈估值30餘億美元）。收購後，里治曼兄弟進一步投資15億美元，用於興建紐約「世界金融中心」。

這是一項龐大而又冒風險的建築計畫。「世界金融中心」建成後，出租率也頗佳，數年來已帶給里治曼集團 10 多億美元的租金收入。

受了這個啟發，他們又在多倫多建成了近百層的多倫多商業大廈，該專案投資 12 億美元，可與「世界金融中心」一較高下，目前已成為加拿大最高的大樓，同時也是加拿大最有名氣的辦公大樓。

這兩大工程竣工後，里治曼集團名下的樓房建築總面積已超過 4,500 萬平方公尺，相當於多倫多市所有的商業大廈面積的總和。而里治曼兄弟又開始發掘新的生財之道了。

搶洛克斐勒地盤的猶太商人

在倫敦南部的泰晤士河畔，一幢有石砌門面和堅固塔樓的巨大建築物使得對岸的議會大廈相形之下變得矮小。

那幢巨大的建築物，玻璃門上是貝殼，建築物的正面是貝殼，走廊上陳列著各種各樣的貝殼，而院子裡的一座高大建築物也是由貝殼做成的……

是的，那是殼牌石油公司的總部。

石油最初是洛克斐勒財團一統天下。當洛克斐勒在克里夫蘭建立標準石油公司時，馬庫斯．塞繆爾（Marcus Samuel）還是一位內向的少年，與猶太父親一道從事著一些大生意人瞧不上眼的小生意。

西元 1873 年，俄國沙皇政府允許外國勢力在高加索勘探石油。來自瑞典的諾貝爾兄弟獲得特許權，他們與法國的羅特希爾德銀行合作，一起出售俄國石油，不久就侵犯了洛克斐勒的壟斷勢力。經過反覆磋商，在歐洲，諾貝爾兄弟和羅特希爾德銀行和標準石油公司達成暫時的諒解，把市場瓜分了。

在亞洲，洛克斐勒勢力範圍內也闖入了一名競爭者 —— 馬庫斯 · 塞繆爾（Marcus Samuel）。他加入了銷售俄國石油的辛迪加，但他沒有歐洲夥伴那麼幸運。洛克斐勒決心在亞洲維持他的壟斷，他以在美國獲得的巨額利潤為後盾，進行削價出售，迫使競爭對手歇業。

猶太人之所以能夠生存下來，除了注重金錢之外，另一個原因就是他們擁有克服危機的智慧。塞繆爾很快了解到，對付價格的唯一辦法，就是在每個市場同時開展競爭。經過早期的貼補遠東市場的低價，他決心以自己特有的手法來擊敗洛克斐勒。

在交易夥伴的協助下，塞繆爾在遠東的各個銷售中心建造儲油池。為了能把俄國石油定期運往東方的儲油池，塞繆爾按照蘇伊士運河英國當局的規則訂購了一隊新設計的油輪。

標準石油公司的情報人員很快獲得這一消息，於是在倫敦掀起了一陣激烈反對油輪隊透過蘇伊士運河的浪潮。

律師們向外交大臣索爾茲伯里爵士進行疏通，議員們發表有關的演說，《經濟學家》雜誌隱晦地評論了一番反對者，這些人聲稱這個計畫是「猶太人的靈感」。但這並不影響塞繆爾的計畫，此刻，塞繆爾已成為倫敦市參議員，他的特殊地位使他得到政府的大力支持。

西元 1892 年，新設計的油輪「穆雷克斯號」裝載著俄國巴庫油田的石油，安全通過蘇伊士運河開往新加坡和曼谷。接踵而至的油輪，向美國標準石油公司發起了挑戰。標準石油公司大吃一驚，立即進行反擊。結果是全球石油價格進一步下跌，許多石油小生產者和商業歇業。但塞繆爾和他的辛迪加擁有日益增強的船隊，有俄國的石油供應，有遍布各地的銷售站，依舊能生存下去。

標準石油公司不願眼睜睜地看著競爭對手逞威，於是提出收買建議，但遭到塞繆爾的拒絕。

塞繆爾對石油的勘探和儲量一竅不通，但這一點並不影響他正從事的業務。他具有世界性的經驗和經商的天才，無論多麼困難，他總能應變自如。

塞繆爾從東方，特別是從日本獲得運輸貿易公司，這家公司被牢牢地打上塞繆爾性格的印記。殼牌公司擁有自己的船隊、自己的市場和自己的資本，作為石油業的一支生力軍，氣勢如虹。

1901 年「紡錘頂」油井出油，塞繆爾迅即和海灣石油公司創始人格菲上校談判並簽訂合約，以固定價格每年購買 10 萬噸石油，為期 21 年，占海灣總產量的一半。

不久，殼牌公司又成功地打入標準石油公司的傳統領地 —— 德克薩斯油田和德國石油市場。殼牌油輪隊把石油從美國德克薩斯州運到歐洲，在德國建立起一家公司。於是德克薩斯州的石油生產者和一個世界範圍貿易公司的強大聯盟出現。

危險越來越大，標準石油公司痛下決心，非把這個危險的闖入者收買過來不可。該公司邀請塞繆爾來紐約，願出 4,000 萬美元做成這筆交易，還答應設立一個聯合子公司，讓塞繆爾當董事長。但塞繆爾不願成為別人利益的附庸，加以拒絕。

然而塞繆爾也有遇到麻煩的時候。「紡錘頂」好景不常，第一次噴油 20 個月之後，油井枯竭，只剩一條細流。由於這一災難性的崩潰，海灣公司無法履行合約，塞繆爾面臨著缺油的嚴重危機，油輪改為運輸牲口。同時，標準石油公司在收買失敗後，又發動了一連串新的價格戰。

1903 年，世界石油貿易大衰退，標準石油公司繼續削價，殼牌公司的油輪被迫停航。接著，標準石油公司在歐洲又取得了新的進展，在羅馬尼亞建起一座煉油廠。相反，殼牌公司則因為合作夥伴德意志銀行的搗鬼，被擠出德國。

面對財大氣粗的標準石油公司，為了求得生存，塞繆爾被迫按屈辱條件與荷蘭皇家公司全面合併，把公司的控股權丟給殼牌公司。總部設在英國與荷蘭兩地，主要股東是塞繆爾家族及英國人，其次是荷蘭人與美國人，主要在英、荷兩國之外的地區從事石油開採、加工與銷售。

塞繆爾是第一個石油爵士。在倫敦市政廳任過顯職，繼而出任倫敦市長，他當市長的場面和舉行的宴會，其顯赫浮華是無與倫比的。多年後，美國石油企業家羅伯特·威爾遜抱怨說：「在英國，人們封給第一流工商業家爵位；而在這裡，人們控告他們犯罪。」

作為貴族，作為市政顯要，塞繆爾不顧一切地急於使殼牌公司成為帝國事業的一部分，他渴望為帝國服務，並因此得到應有的報酬。

從 1899 年以來，塞繆爾就遊說英國皇家海軍用石油代替煤。殼牌公司作了大量研究，發現在波羅洲的石油特別適用於作燃料油，而且石油代替煤，將會促成海運業的飛躍。然而這一建議遭到海軍將領們的反對。

當時，在英帝國境內尚未發現石油，用石油代替煤意味著又一項重要策略物資操縱在外國人手裡，這勢必造成帝國海軍的又一大隱患。而且在海軍將領們眼裡，塞繆爾的殼牌公司到底是靠利潤生存的企業，這可能導致海軍軍費增加，因為裡邊有一筆費用得作為塞繆爾爵士和殼牌公司的利潤。

對此，塞繆爾並不在意。猶太人自幼接受忍耐的教育，具有驚人的耐心和毅力。他持續地努力著。他設法取得號稱「老水手」費希爾海軍上將的支持和友誼，讓這位將軍意識到石油的巨大潛力。費希爾將軍很快就以

「石油狂」而著名，他積極提倡用石油代替煤。

塞繆爾繼續進行鼓動工作，邀請海軍軍官乘殼牌公司船舶航行，甚至於 1902 年 6 月請求政府代表參加殼牌公司的董事會，以證實它對帝國利益的關心和尊重。

終於出現一絲轉機，海軍準備試用石油。這天，樸資茅斯港，英國戰艦「漢尼巴爾號」裝著殼牌供應的燃油進行試航，海軍部專家到場觀看。總算得到證明自己的機會，塞繆爾興奮異常。看著那群專家半信半疑的神色，塞繆爾在內心深處說道：「等一下你們就知道什麼叫奇蹟！」奇蹟發生了，但塞繆爾傻眼了：戰艦吐出漫天濃密的黑煙，落下的煙灰把整個甲板蓋滿了，水兵根本無法進行正常作業。「不可能！」塞繆爾大吃一驚，但這的確是事實。

塞繆爾遭到慘敗，後來才發現「漢尼巴爾號」的鍋爐太陳舊，由燒煤改為燒油後，燃燒不充分產生大量黑煙。可是知道這一真相又有什麼用呢？問題是皇家海軍的將領們對國外銷售網的殼牌公司的忠誠產生懷疑。

這一懷疑帶給殼牌公司巨大的不幸。當石油終於在緬甸被發現時，印度事務部不顧殼牌公司已經開拓印度市場的事實，特別規定不准殼牌取得特許權。理由是有可能落入外國人之手。結果緬甸的油田歸新成立的緬羅石油公司開發。

1910 年，英國皇家海軍改燒石油。這時殼牌公司與荷蘭皇家公司已經合併，所以更加受到海軍部的懷疑。海軍部只與緬甸石油公司簽訂巨額的合約。

1911 年，邱吉爾（Winston Churchill）出任海軍大臣並沒有為殼牌公司帶來好運。雖然塞繆爾曾以為這是個機會，並曾一度堅信會給殼牌公司與海軍的合作帶來轉機。費希爾將軍是邱吉爾的密友，兩人感情甚篤。這次塞繆爾把希望寄託在這位將軍身上。

費希爾將軍一向欣賞塞繆爾，也很對殼牌公司受到的不公正待遇鳴不平。將軍在給邱吉爾的一封信中說道：「他有把好茶壺，雖然他可能不善於斟茶……老馬庫斯總是請我當董事……」慫恿他和殼牌公司合作。

以雪茄和幽默著稱的邱吉爾是名非常嚴肅的政治家，他看重私人感情，但絕不以私人感情左右大政方針。他有他的思考：石油時代，英國有相當的脆弱性 —— 除規模不大但資源豐富的蘇格蘭石油工業外，英國本土沒有石油，要靠到遠方去尋找，再遠涉重洋運回來，因此一開始就和國家生存和外交息息相關，甚至可以說是帝國本身的一部分。

作為海軍大臣，邱吉爾對石油公司的未來面臨著抉擇：是支持他們，審查他們，還是控制他們？不過他願意先聽聽石油公司的意見。

塞繆爾向英國海軍部的一個委員會作證，說明殼牌公司對英國多麼忠誠：「我們和標準石油公司之間沒有聯盟，沒有協定，沒有任何性質的條約。」塞繆爾的忠誠打動了委員會。

這期間，汽車出現，多年來萎縮的石油價格開始反彈。石油價格上揚導致汽油昂貴。在英國，大眾發出了反對汽油漲價的呼聲，計程車工業舉行罷工，提出抗議，反對「石油集團」。社會問題逐漸演變成政治問題。

誠實的塞繆爾堅持把事實真相告訴《每日郵報》(*Daily Mail*)：「一件商品的價格就是它可能賣到的金額。」然而英國大眾卻不能客觀地認知這一句，並以此為由提醒政治家們，殼牌公司是謀利的企業，不論它向計程車還是戰艦出售的石油，其價格都會因海軍的新需求而上漲。

於是，合作計畫擱淺。石油價格飆漲使得邱吉爾對殼牌公司產生疑慮，而塞繆爾誠實地預測石油價格還要上漲，更加深了邱吉爾的懷疑。他與自由黨人反壟斷的心情產生共鳴，甚至有些過於簡單化地抨擊價格上漲是石油壟斷者暗中操縱價格的結果。雖然在費希爾將軍的慫恿下，海軍部和殼牌公司進行過會談，但始終沒有建立起信任關係。

與此同時，新成立的享有英國政府特殊保護的英波石油公司總經理查爾斯·格林韋堅，堅持稱殼牌公司為外商，並以受到外商殼牌公司威脅為由，向外交部施加壓力。他小心翼翼地向自由黨政府強調指出：讓殼牌公司對市場的壟斷擴展到生產方面是不道德的。英國外交部被說服了。

英波石油公司在中東擁有儲藏豐富的油田，因此引起邱吉爾極大的興趣，這位海軍大臣越來越對殼牌公司沒有把握。現在他的重心放在英波石油公司，經過曠日持久的爭論和談判，達成了轟動一時的協議。

第一次世界大戰爆發前 3 個月，海軍部以 200 萬英鎊購買了英波石油公司 51%的股份，取得控制權。

6 月裡，邱吉爾在議會發表了一篇具有歷史意義的演說，把沙文主義和遠大眼光交織在一起，闡述了他的決定。在他的演說裡，殼牌公司和標準石油公司被描繪成瓜分世界的兩個巨人，這兩個巨人濫用壟斷權力，操縱石油價格，逼迫用戶付出人為的高價。

邱吉爾發揮了實際上是對殼牌公司毀滅性打擊的論點：「他們的政策 —— 看一下是有好處的 —— 是取得對來源和運輸手段的控制，然後控制生產和市場價格……我們和殼牌公司沒有爭執。我們總認為他們是彬彬有禮的，考慮周到的，願意盡力並渴望為海軍部服務，增進英國海軍和英帝國的利益 —— 但得付出高昂的價格。」

他講這話時，微笑著看了看下院議員塞繆爾（馬庫斯的弟弟），繼續說道：「唯一的困難是價格。當然，我們遇到過極為艱苦的討價還價。」

邱吉爾以他素有的幽默解釋說：「英國政府仍要從殼牌公司購買石油，但我們將不冒任何落入這些非常善良的人手中的危險。」

邱吉爾非常滿意他的做法。取得英波石油公司的控制權不僅保證了海軍的供應，而且還為標準石油和殼牌石油這些國際辛迪加樹起了一個競爭對手。英國政府可以利用英波石油公司的影響，保證從殼牌公司那裡得到公平的價格。

海軍大臣對殼牌公司的忠誠及其經營方法含沙射影的攻擊，把塞繆爾深深地刺痛了，一種難以釋然的挫折感折磨著他。他一直謀求充當一名國家英雄，卻從未得到公認。塞繆爾靜靜思索著。毫無疑問，這一方面是由於他把公司的控制權丟給了一個荷蘭人；另一方面也因為他面臨著石油工業一再出現的困境：一個公司除對公司股東的忠誠外，還能不能或應不應該有其他忠誠？到底該對誰真正負責呢？

遭到許多怠慢和挫折之後，年事已高的塞繆爾退休了，被封為比爾斯特德勳爵。他在西區貴族住宅區買下了 20 英畝地產，過著鄉紳的生活。

這位猶太富翁代表著英國石油工業矛盾心理的企業家，他既關心利潤，又關心公益。塞繆爾和他所代表的那群人與他們的美國同行一樣，建立起自己的石油王朝，但他們卻比美國同行受到更多的尊重。

對英國大眾來說，在國內並沒有深刻體會到石油公司的剝削冷酷無情；而在美國，石油公司的掠奪則和幾個世紀前的奴隸貿易一樣殘酷。

英國沒有反托拉斯法案，沒有公司和政府之間的全面對抗。可是英國的石油王朝為了自己的尊嚴和帝國的利益，到頭來還是得參與競爭，在競爭過程中，尊嚴和利益發生碰撞，遂走向初衷的對立面。越是競爭激烈，越是與美國人相似。

塞繆爾決定了荷蘭皇家殼牌公司的性質，荷蘭皇家殼牌公司因此深深地打上了塞繆爾的烙印。

在以後的日子裡，殼牌表現得比其他公司高尚得多，更願意討論政治問題，因此更像是一個國際機構；表現得也更坦率，因此更能容忍其他外國人；表現得也更富有責任感，因此也更適應於捲入生產國和它們的領導人之間的經營事務中。

當人們解開謎底，滿意地走出殼牌中心，驀然回首，會發現：殼牌公司對它本國（英國）經濟的壓倒一切的重要性——這種重要性比在它的另一個本國（荷蘭）的海牙甚至還要大。

1950 年代中期，殼牌公司在美國等資本主義世界主要石油產地都占有相當大的份額；控制了委內瑞拉 26%的石油生產量；取得了伊朗石油開採、加工和銷售的 14%的份額；占有伊拉克 23.75%的份額；基本控制卡達的石油生產；掌握奈及利亞石油總產量的 60%；在墨西哥、阿根廷、波斯灣地區、汶萊、新幾內亞、千里達、印尼、突尼西亞等國都占有一席之地。今天已發展成為除美孚（Mobil）石油公司之外的全球最大的石油企業。

保險業鉅子勞埃德

1680 年代，英國猶太人勞埃德（Lloyds）從一家咖啡館發跡，創辦了自己的保險公司。300 年過去了，勞埃德創辦的保險公司最終成為全世界最大的保險公司，現在每天都有 4,000 多人出入忙碌，每天都有價值上百萬美元的保險專案成交……

西元 1680 年，在英國倫敦泰晤士河畔，猶太商人勞埃德開了一家咖啡館。由於泰晤士河是英國河海航運的樞紐，勞埃德的咖啡店就成了當地的資訊中心，生意十分興隆。

一天，咖啡店聚集著船主、海員、商人，大家紛紛談論航海中的見聞。當說到倫巴底人因海盜猖獗而實行海運保險時，勞埃德心中一動。

原來，那時的航海條件還十分落後，人們對地球和海洋知之甚少。由於海船較小，很難抗拒大的風暴，海盜又經常出沒，所以海船經常出事。

為什麼我們就不能實行航海保險呢？勞埃德的這一突發奇想立刻得到大家的支持，不論是船主還是商賈，都希望自己每一次出海都能有所保障。

當然，僅憑勞埃德的儲蓄還不足以建立起保險事業，好在朋友們慷慨解囊，為保險業這一新生兒注入了生命力。勞埃德在籌足資金後，又著手挑選辦事人員和行政人員。在創辦保險公司的同時，他還想創辦一份報紙，以手抄本的形式把搜集到的航運、貨物資訊融為一體。

不久，勞埃德的保險公司成立了。公司設在倫敦市中心，建築規模雖然不大，但卻古色古香，宛如一個豪華的車站。勞埃德公司一直保持著以前的傳統：大門口站著披紅色斗篷的衛士；樓房裡擺著 19 世紀的長椅子和大桌子以及高高的書櫃；休息室被稱作「船長室」；衛兵也被叫做「侍者」。所有這一切呈現出狄更斯時代的風格，但它的存在已並不僅僅是一種裝飾或遺跡，而是一種象徵，一種代表勞埃德保險公司的象徵，就如同一件商品的品牌和商標一樣。

勞埃德在剛創辦公司的時候，採取面對面談保險業務的方式。面談的氣氛是嚴肅緊張的。身著紅袍的傳喚員依次叫著投保者的名字，被叫者馬上進入小隔間，拿出自己需要保險的專案和保險佣金，並做出必要的解釋。最後，雙方意見統一後在保險單上簽字，這筆生意就生效了。

勞埃德保險公司這種面對面談保險業務的傳統，使保險公司和投保公司建立一種相互依賴和相互信任的關係。勞埃德公司的生意果然非常興隆。

然而保險業又是充滿風險的一項業務，勞埃德公司成立後，就不斷接受著風險的挑戰。

1906 年，美國舊金山大地震引起了一場大火，使勞埃德公司損失了 1 億美元的保險費；

1912 年，英國「鐵達尼號」巨型客輪在北大西洋觸冰沉沒，近 2,000 人死亡，勞埃德公司又付出了 350 萬美元的賠償金；

1937 年，德國飛艇「興登號」爆炸，勞埃德公司又付出了近千萬美元的賠償。

這幾筆絕無僅有的大損失使勞埃德公司元氣大傷。但是，勞埃德的全體人員毫不氣餒，在風浪中闖過了一關又一關。1970 年代後期兩筆大的損失就付出 64 億美元。但他們經過不懈的努力，業務蒸蒸日上，每年的營業額達 2,670 億美元，利潤達 60 億美元。

在勞埃德的保險業務中，沒有什麼不能投保的。影視明星為自己的容顏和玉腿投保 100 萬英鎊，保險商當即拍板。一位美國導演要為自己的精力投保，也被接受。

1984 年，參加勞埃德保險的三顆美國通訊衛星偏離了軌道，公司將負擔 3 億美元的賠償費。為此，勞埃德公司的成員並沒有驚慌失措，而是積極調查情況，以最大限度減少損失。他們立即請專家分析，認為可透過太空梭對衛星進行修理，最後挽回了 7,000 萬美元的損失，但更重要的是挽回了公司的聲譽。

兩伊戰爭的升級，使行駛波斯灣的油輪保險費日增，有誰敢保證伊朗或伊拉克的炮彈長了眼睛呢？當時為一艘價值 4,000 萬美元的貨輪投保一週需要 400 萬美元的保險金，就充分說明了保險和風險的關係。

300 年的滄桑，300 年的風險，勞埃德公司從一家咖啡店發跡，最終成為全世界最大的保險公司，足見其魄力和信譽。

勞埃德公司現在每天都有 5,000 人左右出入忙碌，平均每天都有價值千萬美元的保險專案成交，每天都有許多大人物在洽談業務……

和鑽石一樣發光的彼得森

許多猶太富翁發跡過程中充滿投機和冒險，唯獨彼得森沒有，他的成功靠的是勤學苦練、高超技藝和藝術想像。這是由鑽石行業的特性決定的。所以說，什麼行業有什麼路可走。

1908 年，亨利 · 彼得森生於倫敦一個猶太人家庭，幼年父母親帶他移居紐約。14 歲時母親勞累過度病倒了，小亨利不得不結束半工半讀的生活，到社會上做工賺錢。

16 歲時，小亨利到一家珠寶店當學徒。這家珠寶店在當時的紐約是小有名氣的。特別是珠寶店的老闆猶太人卡辛是紐約最好的珠寶工匠之一，那些有錢的貴夫人、太太、小姐們，對卡辛的名字就像對好萊塢電影明星一樣熟悉。

卡辛手藝超群，凡經過他手鑲嵌的首飾都能賣很高的價錢，只是他像許多猶太大亨一樣過於目中無人，言語刻薄，對其學徒更是極其嚴厲，有時簡直到了暴虐的程度！小亨利跟著卡辛學琢石頭和磨寶石，一學就是 3 年。

也正是這 3 年，亨利在自己的性格、思想上得到了昇華，他從一個少年走向了沉穩、成熟，也在磨練中，鍛鍊了自己的技藝。

隨著亨利技藝的提升，卡辛對他越來越信得過，一些不輕易交給別人做的貴重寶石也試著讓亨利加工，亨利對此也非常認真，一絲不苟，常常為了趕做急忙的工作而通宵達旦，卡辛對亨利的工作非常滿意。

亨利的工錢從每星期 3 美元增加到 7 美元，不久又增加到 14 美元。

正在一帆風順的時候，命運和他開了一個大玩笑，卡辛對他產生了誤會，以致發展到師徒之間斷絕情分。結果，彼得森不得不離開卡辛的珠寶店，學徒生涯從此結束了。

在一個朋友的幫助下，亨利自己掛牌營業了。「卡辛的徒弟」這塊招牌給了他好的生意，但也招來嫉妒，他被趕走了。亨利．彼得森只得另尋地盤，繼續賣手藝。

彼得森的苦沒有白吃。一年多後，他的加工技術提升到了一個新水準，受到了眾多客戶的稱道，在首飾行業中，從一個無名小卒已經成為小有名氣的工匠師了。

默默地奮鬥，使他終於看到了光明耀眼的出路。

紐澤西州的一家戒指廠的生產線出了問題，急需一個有經驗的工匠做裝配工作，聽說彼得森的名氣，就請他去負責，他愉快地接受了這一工作。

在工廠裡，每天工作 8 小時，同時，還有很多名人來找他加工首飾，他不願拒絕，只好在下班之後做，他也不知道自己這時加工了多少件，但他每星期的收入明顯增多了，有時可賺到 170 多美元。這樣，他邊在這家工廠工作，邊加工首飾，在經濟大蕭條中，不僅渡過了失業難關，並且越過越好，終於從困境中走了出來。

1935 年秋是彼得森創業生涯中的一個重要轉捩點。一天上午，一個陌生人敲開了彼得森的大門，來人很客氣地做了自我介紹，說他名叫哈特．梅辛格。

這個名字對於彼得森來說，簡直是太熟悉了！

還在他當學徒時，就知道梅辛格是最精明的猶太首飾批發商，卡辛當時對他說過的話，還記憶猶新，不論多麼貴重的首飾，不經梅辛格的手是很難賣出好價錢的。

雖然彼得森沒見過梅辛格，但彼得森對梅辛格的敬畏和崇拜已經很久了。

梅辛格此次來找彼得森，是為他在紐約地區的銷售網長期訂貨的，這正是彼得森夢寐企盼求之不得的。

當梅辛格得知彼得森的手藝是跟卡辛學的，就更加信任，他授權彼得森按照自己的想法設計，按照自己的方式加工，不受別的條件的約束，為彼得森充分發揮自己的聰明才智提供了機會。

他對梅辛格的訂貨很謹慎，每一件產品都必須親自經過反覆核對檢查才敢出手，即使一點小小的瑕疵，也必須多次重做，直到滿意為止，他成為梅辛格的特約供應商。同時他的手藝得到上流社會的承認，名聲大噪，找他的人越來越多，他一個人實在應付不了這些工作。

正在這時候，詹姆因為與合夥人發生糾紛而分開了，彼得森就把他請來一起做。但即使是兩個人合夥，仍然無法應付，於是彼得森與詹姆商議，打算建立一個小型工廠。

第二年，彼得森換租了一間大房子，又雇了兩位雕刻工匠，擴大了加工規模。

就在這時，新的難關出現了，紐澤西州的那家工廠恢復了正常運轉，不再需要他了，這個廠一直是他最大的顧客，斷了這條路，他擴大規模的努力不但白費力，反而使自己陷入困境。

彼得森回顧了自己半生中，所做過的首飾不計其數，其中不乏價值昂貴的珍品，在這些首飾中，都傾注了自己的心血，但這些現在都沒有為自己留下深刻的印象，偏偏是自己當初訂婚時，用 15 美元的本錢為未婚妻做的戒指，好像鑲在他的記憶裡似的，他永遠也難以忘記妻子當時戴在手上的那種興奮、喜悅的眼神，那是自己所見過的最美麗的神情，是從一枚極普通的戒指上產生的，是自己太偏愛這枚戒指了吧！

忽然，他的眼神一亮，他似乎明白了自己該做什麼。

於是，彼得森在詹姆的鼓勵下，決定保持現有規模，專門生產訂婚、結婚戒指。

專門生產一種首飾，需要一筆錢，沒想到一家銀行常務董事的妻子竟幫了他的大忙。

這個女人曾經讓彼得森加強過她的紅瑪瑙戒指，她對彼得森的手藝非常讚賞，對他的忠厚品質和認真負責的態度很滿意，她看到彼得森的信後，極力推薦丈夫貸款給彼得森。

這樣的小額貸款對一位常務董事來說當然不算什麼，彼得森就這樣「偶然地」爭取到了資金，並很快用這筆資金建立了自己的基業。

為了突出自己的產品與其他首飾廠商的區別，他將企業定名為「特色戒指公司」。銀行董事的妻子就是彼得森的幸運女神。

「特色戒指公司」創立了，但訂婚戒指的生產由來已久，要想在經營上生意興隆，就必須有自己企業的經營特色。

怎樣才能闖出自己的特色呢？

經過多方面的考察，彼得森決定在訂婚戒指圖案的表現手法上動腦筋。

象徵著愛情的首飾大多以心形構圖，這已為消費者所公認和接受，彼得森也不例外。

可在構圖的表現手法上，彼得森就表現出了自己的獨特領會——

把寶石雕成兩顆心互抱形狀，表示一對戀人心心相連；

用白金鑄成兩朵花將寶石托住，表示愛情的美好與純潔；

兩個白金花蕊中各有一個天使般的嬰孩，一個是男嬰，一個是女嬰，手中牽著拴住寶石上的銀絲線，以此祝福新郎新娘未來的美滿幸福小家庭……

僅這一設計就能看出彼得森獨具匠心了。

然而，彼得森的匠心獨運之處，還不只這些。他做的戒指表面看是一樣的，其實沒有相同的，特色就在男女所牽的銀絲線上。那銀絲線上有許多類似多股繩搓在一起的皺紋，實際上是手工縷刻出來的，「皺紋」的數目可以隨意增減，這樣就為購買者留出做記號的餘地，例如男女雙方的生日、訂婚日期、結婚年齡或其他私人祕密，都可以透過銀絲的「絲紋」多少表示出來。

這一成功的藝術設計為彼得森的事業打下了良好的基礎，生意漸漸興隆起來了，他從加工工業過渡到自產自銷。

1948 年，彼得森又發明了鑲戒指的「內鎖法」，那是因一次加工引起的。

一個有錢人慕名來找他，那人拿出一顆藍寶石，求他鑲一枚與眾不同的戒指，準備送給一個女影星作生日禮物。

彼得森知道，再在圖案上下功夫是不會有什麼驚人之舉的，唯有在那顆寶石上打主意。這只有改變傳統鑲嵌一條路可走。

經過一個星期的研究試驗，他發明了新的連接方法 —— 內鎖法。

用這種方法製造出的首飾，寶石的 90% 暴露在外，只有底部一點面積像果實與芥蒂那樣與金屬相連接。

這真是皇天不負苦心人啊！

這項發明很快獲得了專利，珠寶商們爭相購買，彼得森沒花錢就賺了大筆的技術轉讓費。

那個女影星實際上也成了他的免費廣告代言。崇拜電影明星的婦女們得知這枚戒指出自彼得森之手，都不惜花大價錢請他做首飾，她們以擁有彼得森親手製作的首飾為榮耀。

在榮譽面前，彼得森的進取心有增無減，他不斷地觀察和研究戒指的構造，終於在 1955 年，又發明了一種「聯鑽鑲嵌法」。

採用這種方法把兩塊寶石合在一起做成的首飾，可使 1 克拉的鑽石看起來像 2 克拉那樣大，這對大多數消費者來說是極具有吸引力的。佩戴天然鑽石首飾已成為可及的事了，花不多的錢，一樣可以取得光彩的效果。

正是這些別出心裁的設計所起的新奇效果，使得彼得森的事業取得長足的進取，生產規模不斷擴大，人員大量增加。在艱苦的奮鬥中，彼得森也贏得了人們的尊重和敬仰。可以說「特色戒指公司」能在激烈的競爭中扶搖直上，這要歸功於彼得森的發明創造。

到目前為止，「特色戒指公司」的營業額雖然從未公布過，但從他在曼哈頓的製造廠每年要付 4.5 萬美元租金這一點上，可以看出，「特色戒指公司」的情況一定不差。

鑽石大王就這樣一步步走向事業的頂峰。

一枝獨秀的洛克斐勒

玫瑰含苞待放時，唯有剪去四周的枝葉，才能一枝獨秀。

洛克斐勒出生在美國紐約的一個偏僻小鎮，其父猶太人威廉，人稱「大個子比爾」，是一個到處遊蕩的馬販子和闖蕩江湖的巫醫。其母是一個虔誠的浸禮會教徒，性格開朗，做事精細，勤於持家。正是緣於這兩種不同文化的薰陶下，洛克斐勒形成了獨特的個性。

洛克斐勒踏入社會後的第一個工作就是在一家名為休威·泰德的公司做簿記員，這是他精於計算的一生的良好開端。

在該公司工作期間，他勤懇、認真、嚴謹，不像以前的工作人員那樣敷衍了事，而是把需清款的每一個專案仔細查清後才付款，還有幾次在送交商行的單據查出錯漏之處，為該公司節省了一筆數目可觀的支出，獲得老闆的重視。

有一次，公司做了一筆大理石生意，這批大理石是從別的地方運來的，承接運輸業務的有 3 家公司，但貨物運到後，卻發現高價購進的大理石有瑕疵，公司老闆沮喪而又無計可施。

這時頭腦靈活的洛克斐勒建議把責任推到運輸公司頭上，絕妙之處在於向 3 家公司分別提出賠償損失的要求，這樣得到的賠款竟高於進貨價格的兩倍，意味著該公司因禍得福。

洛克斐勒這種對商界天生的感覺和出色的處事能力使該公司老闆極為欣賞，為他加薪，第一年工作就賺得不少錢。

之後，洛克斐勒從有關新聞中看到英國將發生飢荒，便決定囤居奇貨發財。於是小麥、玉米、肉乾、火腿和食鹽都被他有計畫地囤積起來。後來，英國果然發生飢荒，公司穩穩地賺了一大筆錢。洛克斐勒為此而要求加薪，老闆沒有明確表態。洛克斐勒一怒之下辭職和別人合夥開公司去了，公司名字叫「穀物和牧草經紀公司」。當時洛克斐勒才 19 歲。

不久，南北戰爭爆發，洛克斐勒利用套購食鹽在戰爭中發了一筆橫財。

西元 1854 年 8 月 27 日，由於賓夕法尼亞鑽出了第一口油井，於是全美一下子出現了鑽油熱，成千上萬祈望暴發的投機家、冒險家湧向了賓州。賓州一下子高架林立，原油產量飛速上升。西元 1860 年年產油 65 萬桶，次年增加到 90 萬桶，1863 年竟達 300 萬桶這一巨額數字。

在那些瘋狂開採的日子裡，幾乎每天都有新的煉油廠出現，規模或大或小，而原油經過簡單提煉，主要用來照明。

洛克斐勒對這一新行業也很感興趣，希望能藉此發一筆大財，於是去賓州進行實地考察。

到達賓州附近的泰塔斯小鎮，洛克斐勒看到了到處林立的高架、淩亂簡陋的挖進設備，這使他多少有些沮喪。他所看到的不只是石油業表面的興隆，也看到了潛在的危機。

洛克斐勒是一個冷靜的人，他決定靜靜地觀察採油業的發展。

果不出他所料，由於供大於求，原油行情大幅度下降，由 20 美元一桶兩年內跌到 10 美元一桶，那些投資者們大虧其本。這正說明了洛克斐勒獨特的眼光和超常策略的高明。

三年之後，等到石油行情跌到最低時，洛克斐勒卻勇敢地掌握住了時機，在別人紛紛退出石油業時，與人合夥成立了自己的煉油公司。

儘管當時競爭激烈，但洛克斐勒等 3 個人懂技術、會管理，事業蒸蒸日上，日產能達到 500 多桶精煉油，很快成為當地最大的煉油廠。

事情總不會一帆風順，正當煉油廠的事業逐漸壯大之際，洛克斐勒和他的合夥人在許多問題上產生了生意分歧，最後導致合作破裂。

經商定，他們決定將企業出售給出價最高的人。

拍賣如期進行，洛克斐勒和安德魯斯一方，克拉克為另一方，克拉克開始喊價 500 美元，洛克斐勒則開價 1,000 美元，雙方互不相讓，價格扶搖直上，當價格爬到 7 萬美元時，雙方都出現了很長一段時間的沉默，因為雙方都認識到標價已大大高過了這家煉油廠的實際價值。

接著，克拉克掙扎著說：「7.2 萬美元」。

洛克斐勒卻果斷地說：「7.25 萬美元」。

克拉克攤開雙手說：「煉油廠歸你了。」

洛克斐勒終於以他的遠見和果斷抉擇購得了煉油廠的股權，這為他日後的大展宏圖邁出了第一步。

1870 年 1 月 10 日，約翰·洛克斐勒創建了美孚石油公司。躊躇滿志的洛克斐勒發誓要做一番驚天動地的偉業。

同年 7 月，歐洲爆發了普法戰爭，海洋運輸陷於癱瘓。由於美國的石油銷售主要依賴出口，石油價格爆跌。

大大小小的企業主憂心忡忡，如臨大敵，誰都不知道這種衰敗的局勢會持續多久。美國主要的煉油廠 —— 克里夫蘭充滿了混亂、蕭條、死亡的氣氛。然而，美孚石油公司的老闆洛克斐勒言談舉止間從未流露出一絲驚慌。

那段日子，洛克斐勒不大走動，總喜歡獨自坐在辦公室裡，一動不動地盯著牆上那張歐洲地圖，一看就是幾個鐘頭。

9 月 2 日，拿破崙三世（Napoleon III）宣布投降。聽到了這個令人振奮的消息，洛克斐勒起身離開辦公桌。他召喚助手佛拉格勒到自己身邊，並興奮地拍打著佛拉格勒的肩膀，說：

「佛拉格勒！真是令人振奮的消息，我們要發財了！法國軍隊慘敗，戰爭即將結束，石油的需求量會迅速回升！」洛克斐勒說得太快了，不得不喘一口粗氣，接著說：「感謝上帝！賜予我良機，使克里夫蘭如此蕭條。我們要乘機從中漁利，對那些煉油公司，能擊垮的擊垮，能收購的收購。那時，克里夫蘭就是我們的天下！」

「我要建立自己的托拉斯（壟斷之意）集團，把全美的石油利潤都裝進我的腰包！」洛克斐勒一口氣說完了想說的話。

經過調查和慎重的分析，洛克斐勒認為：

「原料產地的石油公司在需要用鐵路的時候就用，不需要的時候就置之不理，十分反覆無常，使得鐵路經常無生意可做，鐵路的運費收入也就非常不穩定。這樣，一旦我們與鐵路公司訂下一個保證日運油量的合約，對鐵路方面必是如荒漠甘泉般的及時，那時候鐵路公司在給我們運輸費時必定會有折扣。這打折扣的祕密只有我們和鐵路公司知道，這樣的話，別的公司在這場運價抗爭中必敗無疑，那麼壟斷石油產業界就指日可待。」

於是，洛克斐勒和湖濱鐵路董事長迪貝爾私下達成了「折扣協定」：美孚石油公司每天包租湖濱鐵路 60 輛車，而湖濱鐵路在運輸費上，則給予美孚每桶 5 角的優惠。僅此一項，美孚石油公司就能從中獲得巨額的運輸利潤。

然而，好事多磨，在毫無預兆的情況下，迪貝爾下臺了。更令洛克斐勒惱火的是新任董事長斯科特與競爭對手華特森交情頗深，他倆曾在內戰中患難與共。假如這兩個人聯手，對任何公司來說，都是巨大的威脅。

佛拉格勒見局勢不妙，提出立刻去見斯科特，但洛克斐勒沒有允許。

洛克斐勒又拿出進軍石油行業時的耐心，讓佛拉格勒沉著、沉著、再沉著。而他自己就像一隻獵取食物的獵豹，站在一旁，靜候時機。

目標出現了，食物終於送到了嘴邊。一天深夜，斯科特突然親自登門，來到洛克斐勒下榻的飯店。洛克斐勒並不感到十分意外，他早就對華特森的底細了解得一清二楚，他先發制人，故做驚訝地問：「您是……深夜登門，不知有何貴幹？」

「洛克斐勒先生，鄙人是湖濱鐵路的新任董事長斯科特，事關重大，為保守機密，所以深夜造訪。」

「有什麼重大的機密，請直說吧。」洛克斐勒頓時面無表情，冷冷的就像一張鐵板。

斯科特立即看出洛克斐勒城府極深，絕非等閒之輩。於是他不再玩弄措詞，放下手中的手提包，說：「我帶來了華特森先生的幾點建議……」

斯科特將華特森關於鐵路大同盟的構思全盤托出，洛克斐勒頓覺眼前一亮。他專注地聽著，腦子轉得飛快，他反覆地掂量著每一個數字，認真地估算它們的實際價值。

直到東方破曉，天際發白，雙方才初步達成協定：所有石油運輸公司均要攜手合作，與特定的石油產業組聯盟。對其他中小規模的石油產業，則不在加入聯盟之利。

黎明前的黑暗裡，鐵路大聯盟在洛克斐勒和斯科特雙方互惠的條件下誕生了。

原來，斯科特一直覬覦著鐵路運輸業霸主的寶座，只因他面前有兩個凶猛無比的阻礙：范德比爾特和古爾德，所以一直未能得手。范德比爾控制著紐約的中央鐵路，古爾德控制著伊利鐵路。這兩個視美國鐵路為自家財產。誰膽敢與他們爭奪利益，無疑是虎口奪食。所以，斯科特急需尋找一位合作夥伴，作為自己堅強的後盾，他衡量再三，最終選擇了洛克斐勒。

第二天上午，斯科特親自出馬，帶著華特森前往美孚石油公司的總部，他將與洛克斐勒商議合作事宜。

「我打算成立一家控股公司，就叫『南方改良公司』吧。」

深諳韜略的洛克斐勒當然清楚對方的用意，他所關心的是，這個公司的建立能為自己帶來什麼好處。

洛克斐勒略加思索，便提出：「我沒有異議，但其他石油產業加入公司的審批權應歸我所有。」

這個提議沒有侵犯斯科特利益，斯科特爽快地同意了。經過反覆磋商，洛克斐勒和斯科特最終在祕密協定上簽名。

協議寫道：鐵路石油運費提升一倍，所有參加聯盟的石油企業可獲得運費價格一半的折扣……

那些沒加入聯盟的中小企業勢必要支付昂貴的運費，然後逐漸萎縮直至被淘汰出局。且不說斯科特作的是什麼春秋大夢，當洛克斐勒手握「加盟」者的生殺大權時，他那絢爛的石油王國的「托拉斯」之夢正逐步變成現實。

洛克斐勒每天保證運輸60車的石油，但鐵路上必須另外讓出20%的折扣。這樣，不僅挫敗了鐵路的壟斷權，而且大大減少了石油的成本，低廉的價格為洛克斐勒贏得了廣闊的市場，大大增加了競爭實力，使洛克斐勒又向控制世界石油市場的宏偉目標邁進一步。

洛克斐勒開始了托拉斯的前奏，成立控股公司。他和斯科特共謀成立了「南方開發公司」，公司資本額為20萬美元，股份總額為2,000股。經過一番謀劃和整頓，終於擠垮了一大批小型企業。

洛克斐勒創建了俄亥俄州標準石油公司（即美孚石油公司），資本100萬美元。世界經濟史上最強大的托拉斯就這樣誕生了。

在壟斷了石油市場後，洛克斐勒又大幅度地提升了產品價格，使新價格達到原來價格的3倍以上，歐洲買主對此群起抵制。但當這些買主用光庫存油後，卻發現他們已無油可用，他無油可買，就這樣，這些買主乖乖地接受了新的價格，使美孚石油公司一舉成為世界第一大托拉斯，洛克斐勒本人也因此成為億萬富翁。

洛克斐勒僅允許紐約一家煉油公司加入南方改良公司，從而引起其他煉油公司的聯手反擊。石油產地的中小企業組成了以亞吉波多為首的「生產者聯盟」，實行石油大禁運。「殺死大蟒蛇！」、「埋葬章魚！」的譴責聲此起彼落，響徹產油區和東海岸。

紐約各大報紙對這次事件做了客觀報導，並引起了華盛頓當局的關心。形勢對鐵路大聯盟十分不利，華特森「變節」，斯科特退縮，「祕密協定」當即作廢，鐵路大聯盟匆匆收場。然而洛克斐勒並不氣餒，他不動聲色地繼續等候時機。

事情果然有了轉機。經過40天的大封鎖，原油被禁絕開採，油庫空虛，銀根吃緊，煉油業全面癱瘓。業主們只好向銀行申請貸款，但銀行早已就被洛克斐勒收買，上至銀行總裁，下至各個主要董事，都或多或少地擁有美孚石油公司的股票。

銀行不通過貸款，無疑卡住了企業主的脖子，逼迫他們不得不投入洛克斐勒的懷抱。孤立無援，為求生存的「生產者聯盟」的領袖——亞吉波多，也沒有抵抗住洛克斐勒的利誘，也加入到洛克斐勒一邊。一個多月的石油大戰，美孚石油公司以迅雷不及掩耳之速，吞併了20餘家煉油企業。

克里夫蘭煉油工業區終於成為洛克斐勒的囊中之物。

隨後，洛克斐勒的魔爪又伸向了昔日「盟友」——斯科特。他對斯科特控制的匹茲堡石油運輸鐵路早就垂涎三尺。

西元1875年春。一天，洛克斐勒的私人別墅裡賓客雲集。全國石油業大亨齊聚一堂，在洛克斐勒的鼓動下，石油業主們達成了一項聯合協約：

一致對抗不予折扣的鐵路界。

斯科特得知此事，十分懊惱，他當即成立了帝國運輸公司。斯科特一邊鋪設從油田到匹茲堡的輸油管道，一邊在紐澤西修建儲油槽和倉庫，同時還訂作了5,000噸油輪，成立五大湖船隊，決心與美孚石油公司決一死戰。

洛克斐勒則避實就虛，巧妙利用鐵路巨頭之間的矛盾，與范德比爾特和古爾德兩大鐵路霸主結盟。

洛克斐勒在提升折扣率的同時，減少了美孚石油公司的股東分紅，將紅利用於更新設備和引進技術上，並加緊向斯科特的勢力範圍匹茲堡展開石油傾銷戰。

在洛克斐勒的強大攻勢下，斯科特漸漸招架不住，提出與洛克斐勒講和。這正在洛克斐勒的預料之中。洛克斐勒以 340 萬美元的代價接管了斯科特的全部家業。

結果，洛克斐勒不但控制了整個大西洋沿岸原油及產品的價格，而且將這一地區的石油運輸權牢牢地握在手心。

驅逐斯科特，就等於清除了洛克斐勒前進道路上的絆腳石。洛克斐勒自覺前景光明，只看見全美石油的核心地帶 —— 賓夕法尼亞產油區，頻頻向他招手。

當時賓夕法尼亞的石油產量嚴重過剩，油價暴跌。然而洛克斐勒又反其道而行之，做出一個的決定：以每桶 4.75 美元的高價大量買進原油。

許多石油中間商聞訊前來，將石油開採推向高潮，原油業主不假思索，爭相與美孚石油公司簽訂合約，肆無忌憚地開採油井。他們根本沒考慮，合約中是否保證 4.75 美元的購價。

美孚石油公司在瘋狂的採油熱中購進 20 萬桶原油，突然宣布中止合約。這個決定如當頭棒喝，打得原油業主不辨東西。但美孚解釋說，石油產量供過於求，公司無法繼續高價收購，今後只能以每桶 2 美元的價格買進原油了……等等理由。

原油業主這才清醒，明白中了洛克斐勒的圈套。然而停止採油已為時太晚，持續兩週的採油狂潮將他們送上破產之路。洛克斐勒成功地奪取了賓夕法尼亞產油區。

完成了對克里夫蘭煉油區、匹茲堡石油運輸帶，以及賓夕法尼亞產油區的壟斷，創立「托拉斯」石油帝國，實現全美石油業壟斷，對洛克斐勒來說唾手可得。

西元1879年，一個仲夏之夜，薩拉托加的超豪華別墅裡，洛克斐勒邀請全美著名的石油大亨雲集，再次醞釀一個空前的聯盟：成立一個「托拉斯」石油工業集團，不過是世界上唯一的，也是最大的一個。

這個托拉斯集團，由全美主要的石油企業合併而成，旨在壟斷石油銷售市場、爭奪原料產地和投資範圍，以獲取高額壟斷利潤。

托拉斯的最高權力機關是「受託委員會」，領導權掌握在洛克斐勒和另三位石油巨頭手中，所有的股東均擁有信託證書，並藉此獲取紅利。然後，洛克斐勒私下約會三位夥伴，以極優厚的條件交換股票，使美孚石油公司成為大聯盟的真正主人。

洛克斐勒利用「託管會」的威力，以慣用伎倆，兼併了近百家石油企業，徹底壟斷了美國的石油工業。

又一次富豪雲集、香檳酒飄香之際，洛克斐勒像一隻靈巧的小鹿，穿梭於人群之間。每逢有人向他祝賀，大獻殷勤，他總是得意洋洋、滔滔不絕地說道：

「玫瑰含苞待放時，唯有剪去四周的枝葉，才能在日後一枝獨秀……」

金融界奇才摩根

摩根毫無疑問是華爾街的金融奇才，在其創業的人生道路上，充滿了冒險和投機鑽營。他深知這種行為的弊端，在幫助法國政府發行公債中，對此大膽改造，終於創造了金融聯合公司「辛迪加」。

摩根少年時代開始遊歷北美西北部和歐洲，並在德國哥西根大學接受教育。從哥西根大學畢業後，摩根來到鄧肯商行任職。摩根特有的素養與生活的磨練，使他在鄧肯商行做得相當出色。但他的過人膽識與冒險精神，卻經常害得總裁鄧肯心驚肉跳。

一次，在摩根從巴黎到紐約的商業旅行途中，一個陌生人敲開了他的艙門：「聽說，您是專做商品批發的，是嗎？」

「怎麼了嗎？」摩根感覺到對方焦急的心情。

「啊，先生，我有件事有求於您，有一船咖啡需要立刻處理掉。這些咖啡原是一個咖啡商的，現在他破產了，無法償付我的運費，便把這船咖啡作抵押，可是我不懂這方面業務，您是否可以買下這船咖啡，很便宜，是別人價格的一半。」

「你很著急嗎？」摩根盯住來人。

「很急，否則這樣的咖啡怎麼這麼便宜。」那人說完，拿出咖啡的樣品。

「我買下了。」摩根瞥了一眼樣品答道。

「摩根先生，您太年輕了，誰能保證這一船咖啡的品質都與樣品一樣呢？」他的同伴見摩根輕率地買下這船還沒親眼見過品質的咖啡，在一旁提醒道。

這位同伴提醒的並不假，當時，經濟市場混亂，坑蒙拐騙之事，屢見不鮮。光在買賣咖啡方面，鄧肯公司就數次遭暗算。

「我知道了，但這次是不會上當的，我們應該履約，以免這批咖啡落入他人之手。」摩根相信自己，相信自己的眼力。

當鄧肯聽到這個消息，不禁嚇了一身冷汗：「這傢伙，拿鄧肯公司開玩笑嗎？」

鄧肯這樣嚴厲指責摩根：「去把交易退掉，損失你自己賠償！」鄧肯吼道。

摩根與鄧肯決裂了。摩根決心一賭，他寫信給父親，請求父親助他一臂之力。在望子成龍的父親默許下，摩根還了鄧肯公司的咖啡款，並在那個請求摩根買下咖啡的人的介紹下，摩根又買下了許多船咖啡。

最終，摩根勝利了。在摩根買下這批咖啡不久，巴西咖啡遭到霜災，大幅度減產，咖啡價格上漲二、三倍。摩根賺了一大筆錢。

不久，摩根在父親的資助下，在華爾街獨創了一家商行。與眾多白手起家的大財閥的發跡史一樣，摩根財產的聚斂，首先也是從投機鑽營開始的。

這時已是西元 1862 年，美國南北戰爭已經爆發，林肯（Abraham Lincoln）總統頒布了「第一號命令」，實行了全軍總動員，並下令陸海軍展開了全面進擊。

摩根與華爾街一位投資經紀人的兒子克查姆商量出一個絕妙計畫。

這天，克查姆來訪，說：「我父親在華盛頓打聽到，最近一段北方軍隊的傷亡慘重！」

摩根敏感的商業神經被觸動了：「如果有人大量買進黃金，匯到倫敦去，會使金價狂漲的！」

克查姆聽了這話，對摩根不由得刮目相看。為什麼自己就沒有想到這點？兩人於是精心企劃起來——

「讓倫敦匹保提和自己的商行以共同付款方式，先祕密買下 500 萬美元的黃金。一半先匯往倫敦，另一半留下來，只要把匯款消息稍微洩露一下……到那時，我們就把留下來的那一半拋出去！」

「你這個主意跟我不謀而合，現在還有一個良機，那就是我們軍隊準備進攻查爾斯敦港。如果現在黃金價格猛漲，那麼這場軍事行動就會受到影響，這樣就又會反使黃金上漲。」

「這回我們可大賺一筆了！」

兩人立即行動起來。他們先祕密買下400多萬美元的黃金，到手之後，將其中一半匯往倫敦，另一半留下。然後有意地將往倫敦匯黃金之事洩露出去。

果然，當摩根與克查姆「祕密」地向倫敦匯款時，消息走漏了，結果引起華爾街一片恐慌。黃金價格上漲，而且連倫敦的金價也被帶動得節節上揚。當然，摩根、克查姆坐收漁翁之利。

美國政府組織人員對這次經濟恐慌的原因進行調查，調查結果寫道：「導致這次經濟恐慌的根源，是一次投機行為。據調查是一個叫摩根的年輕人背後操縱的。」

剛剛贏得一次投機勝利的摩根，又躊躇滿志地盤算著再一次的投機。

此時是西元1862年，美國南北戰爭時期。由於北方軍隊準備不足，前線的槍枝彈藥十分缺乏。在摩根的眼中，這又是賺錢的好機會。

「到哪裡才能弄到武器呢？」摩根在寬大的辦公室，邊踱步邊思考著。

「知道嗎？皮柏，聽說在華盛頓陸軍部的槍械庫內，有一批報廢的舊式霍爾步槍，怎麼樣，買下來嗎？大約5,000支。」克查姆又為摩根提供生財的消息了。

「當然買！」

這是天賜良機。5,000支步槍！這對於北方軍隊來說是多麼誘人的數字，當然使摩根垂涎三尺。槍終於被山區義勇軍司令弗萊蒙少將買走了，一筆鉅款也匯到了摩根的帳下。

聯邦政府為了穩定開始惡化的經濟和進一步購買武器，必須發行4億美元的國債。在當時，數額這麼大的國債，一般只有倫敦金融市場才能消化掉，但在南北戰爭中，英國支持南方，這樣，這 4 億美元國債便很難在倫敦消化了。如果不能發行這 4 億美元債券，美國經濟就會再一次惡化，不利於北方對南方的軍事行動。

當政府的代表問及摩根是否有法解決時，摩根自信地回答：「會有辦法的。」

摩根巧妙地與新聞界合作，宣傳美國經濟和戰爭的未來變化，並到各州演講，讓人民起來支持政府，購買國債是愛國的行動。結果 4 億美元債券奇蹟般地消化了。

當國債銷售一空時，摩根也理所當然名正言順地從政府手中拿到了一大筆酬金。

事情到這裡還沒有完，輿論界對於摩根，開始大肆吹捧。摩根現在已成為美國的英雄，白宮也開始向他敞開大門，摩根現在可以以全勝者姿態出現了。

西元 1871 年，普法戰爭以法國的失敗而告終。法國因此陷入一片混亂中。給德國 50 億法郎的賠款，恢復崩潰的經濟，這一切都需要有巨額資金來融通。法國政府要維持下去，它就必須發行 2.5 億法郎的巨債。

摩根經過與法國總統密使談判，決定承攬推銷這批國債的重任。那麼如何辦好這件事呢？

能不能把華爾街各行其是的所有大銀行聯合起來，形成一個規模宏大、資財雄厚的國債承購組織——「辛迪加」？這樣就把需要一個金融機構承擔的風險分攤到眾多的金融組織頭上，然而這筆鉅款無論在數額上，還是所冒的風險上都是可以被消化的。

當他把這種想法告訴親密的夥伴克查姆時，克查姆大吃一驚，連忙驚呼：「我的上帝，你不是要對華爾街的遊戲規則與傳統進行挑戰吧？」

克查姆說的一點也不錯，摩根的這套想法從根本上開始動搖和背離了華爾街的規則與傳統。不，應該是對當時倫敦金融中心和世界所有的交易所投資銀行的傳統的背離與動搖。

當時流行的規則與傳統是：誰有機會，誰獨吞；自己吞不下去的，也不讓別人染指。各金融機構之間，資訊阻隔，相互猜忌，互相敵視。即使迫於形勢聯合起來，為了自己最大獲利，這種聯合也像春天的天氣，說變就變。各投資商都是見錢眼開的，為了一己私利不擇手段，不顧信譽，爾虞我詐，鬧得整個金融界人人自危，提心吊膽，各國經濟烏煙瘴氣。當時人們稱這種經營叫海盜式經營。

而摩根的想法正是針對這一弊端的。各個金融機構聯合起來，成為一個資訊互相溝通、相互協調的穩定整體。對內，經營利益均沾；對外，以強大的財力為後盾，建立可靠的信譽。

其實摩根又何嘗不知這些呢？但他仍堅持要克查姆把這消息透露出去。

摩根憑藉著過人的膽略和遠見卓識看到：一場暴風雨是不可避免的，但事情不會像克查姆想像的那麼糟，機會是會來的。

如摩根所預料的那樣，消息一傳出立刻如在平靜的水面投下一顆重磅炸彈，引起了軒然大波。

「他太膽大包天了！」

「金融界的瘋子！」

摩根一下子被輿論的激流捲入這場爭論的漩渦中心，成為眾目所視的焦點人物。

摩根並沒有為這陣勢所嚇倒，反而越來越鎮定，因為他已想到這正是他所預期的，機會女神正向他走來。

在摩根周圍反對派與擁護者開始聚集，他們之間爭得面紅耳赤。而摩根卻緘口不言，靜待機會的成熟。

《倫敦經濟報》猛烈抨擊道：「法國政府的國家公債由匹保提的接班人 —— 發跡於美國的投資家承購。為了消化這些國債並想出了所謂聯合募購的方法，承購者聲稱此種方式能將以往集中於某家大投資者個人的風險，透過參與聯合募購的多數投資金融家而分散給一般大眾。乍看之下，危險性似乎因分散而減低，但若一旦發生經濟恐慌時，其引起的不良反應將猶如排山倒海迅速擴張，反而增加了投資的危險性。」

而摩根的擁護者則大聲呼籲：「舊的金融規則，只能助長經濟投機，這將非常有害於國民經濟的發展，我們需要信譽。投資業是靠光明正大獲取利潤，而不是靠坑蒙拐騙。」

隨著爭論的逐步加深，華爾街的投資業也開始受到這一爭論的影響，每個人都感到華爾街前途未卜，都不敢輕舉妄動。

輿論真是一個奇妙的東西，每個人都會在他的腳下動搖。

軟弱者在輿論面前，會對自己產生疑問。而只有強者才是輿論的主人，輿論是強者的聲音。

在人人都感到華爾街前途未卜，在人人都感到華爾街不再需要喧鬧時，華爾街的人們開始退卻。

「現在華爾街需要的是安靜，無論什麼規則。」

這時，人們把平息這場爭論的希望寄託於摩根，也就是此時，人們不知不覺地把華爾街的指揮棒給了摩根。摩根再次為機會女神青睞了。

摩根的策略思想，敏銳的洞察力、決斷力，都是超乎尋常的。他能在山雨欲來風滿樓的情形下，表現得泰然自若，最終取得勝利。這一切都顯示，他的勝利是一個強者的勝利。

零售業巨頭馬克斯

馬莎公司是銷售服裝和食品的英國最大的零售商，被稱為「獨一無二的英國阿姨」，連柴契爾夫人的衣服都在該公司購買。然而，誰能想像，如此之大的產業的主人卻是靠 5 英鎊從擺地攤起家的呢？

馬克斯是波蘭猶太人，出生在波蘭一個貧苦家庭，他的母親因為難產而過早地離開了人世，馬克斯是由他的姐姐撫養長大的。

19 歲時，他已長成一名強壯的青年，強烈的責任感使他感覺到不能再依靠家人生活，於是，在西元 1884 年，他隻身闖入英國碰運氣。

當他到達英格蘭北部里茲市時，已經身無分文了，而且語言不通。

值得慶幸的是里茲市聚集著很多猶太人，他們很樂意接濟新來的本族人。

該市的猶太富商杜赫斯特，專做百貨批發生意，他覺得馬克斯為人忠厚，卻因不懂英語，很難找到工作，便主動借給這個年輕人 5 英鎊，要他做點小買賣維持生活。

當時，5 英鎊並不算個小數目，馬克斯決定用這筆資本做小商販，剛好杜赫斯特是百貨批發商，取貨不成問題。

馬克斯因語言不通，售貨時不好討價還價，所有貨物清一色售價一便士，並打出招牌「不要問價錢，每件一便士」，以此招攬顧客。

果然，很多顧客來光顧這個設在露天的攤位。

他的售貨原則與眾不同，別人都是想盡量把手邊的貨賣掉，而他總是收集各種好貨色放在攤上，然後以同樣的價錢出售，用開架式的陳列方式，讓顧客任意挑選貨物。

兩年以後，他的生意有了一定的發展，馬克斯將「便士市集」開到約克郡和蘭開夏，聘請一批女孩子當售貨員，他自己則奔跑於各地。

由於業務發展迅速，馬克斯越來越感覺到資金與能力均不足以應付目前的形勢，遂要求批發商杜赫斯特與之合股，這時他所欠的 5 英鎊早已還清，對方已不再是債權人了。

由於杜赫斯特無意去做零售商，就把自己的理帳員史賓瑟介紹給馬克斯。史賓瑟投資 300 英鎊，加入「便士市集」當合股人。

史賓瑟具有相當的經營頭腦，在他的企劃之下，「便士市集」業務發展更加迅速。到 1903 年，「便士市集」及零售商店總數增至 36 家，商店已經打出「馬莎」的招牌，並在倫敦鬧市區設立了一家百貨公司。他們成功的經驗是薄利多銷。

馬克斯和史賓瑟先後逝世，新加盟的一個叫戚文的掌了權。他不讓馬克斯的兒子席蒙加入董事會會，當時席蒙 19 歲，未來的女婿伊瑟爾 17 歲，都是剛剛懂事的年輕人。

席蒙和伊瑟爾是在打網球時相識的，每次打球時，他們兩人的妹妹也參加，交往逐漸增多，後各娶雙方的妹妹為妻，結成姻親，關係也就更加親密了。

戚文認為創辦人馬克斯的子女年少可欺，便突然提出集資，將原來的日資本額 3 萬鎊一下增至 7 萬英鎊，要求各股東必須付現金供股。當時，馬克斯的家人仍持有較大股份，所需供股的現金也最大。戚文想吃掉西蒙手中的股份，就趁西蒙所持現金不多的時候，採取了這一辦法。

不料，席蒙的媽媽手中有自己的積蓄，集資問題迎刃而解。為了阻止戚文的「陰謀」，馬克斯的家人要求增加董事席位，戚文卻拒不理睬。

1912 年，另一個董事史蒂爾病逝，董事僅剩戚文一個人，他更加肆無忌憚，竟揚言要將「馬莎」公司以拍賣形式出售，誰出的價高誰就理所當然成為它的主人。同時，戚文又提出任何股東所持股份不足75%都無權反對董事會主席的決定。

席蒙為保住父親的家產，急忙購買「馬莎」公司的股份，他的妹夫伊瑟爾也積極出錢出力。

經過多方交涉，又向銀行借來一筆鉅款，終於購足了75%的股份，獲得對董事會主席提出異議的權利。

於是，他們委託律師向法庭提起訴訟，經過了一段時期之後，1917年，戚文終於被撤銷董事會主席的職務，官司以席蒙勝訴而告終。

從此，席蒙升任董事會主席，伊斯利任董事。

在他們的共同努力下，「馬莎」公司又有了半個多世紀的光輝業績。

探尋路透社的輝煌軌跡

沿著路透社發跡的軌跡，依稀可見到創辦者保羅．路透（Paul Julius Reuter）一路奮鬥的汗水……

路透的父親是一個猶太牧師。和別的牧師家的孩子一樣，路透從小就過著法規森嚴的生活。但他絲毫不想繼承父業長大後當牧師，也沒有增長學識的興趣，卻更有志於經商。

父親去世後，他就下決心中止學業而去經商立業。在哥廷根有路透的一個表哥開的銀行，他想求得表哥的幫助。

路透從此開始了他的商旅生涯。他不甘心整天無所事事地待在表哥的銀行裡消磨時光，總想找點事做。於是，他當過推銷員，也作過沿街叫賣的小販，這為他累積了豐富的經商經驗。

一個偶然的機會，路透對銀行的匯兌業務產生了濃厚的興趣。

當他在表哥的銀行裡擔任匯兌行情業務的工作時，經常在冥思苦想一個問題 —— 怎樣才能更快地了解國內外匯兌行情的狀況呢？

一次，路透去見了大數學家高斯（Johann Carl Friedrich Gauss），他發現高斯在匯兌行情的計算上出了一個大錯，並指了出來。這位大數學家不僅坦率地承認了自己的錯誤，並且稱讚了路透的非凡才能，這件事成了他們後來頻繁往來的基礎。

當時，高斯正埋頭於一種劃時代的通訊工具 —— 電報機的研發工業。這對一心想要盡快了解外國匯兌行情的路透來說，無疑是個求之不得的消息，儘管他們二人對電報機持有迥然不同的想法：前者熱心於發明創造，後者則側重於實際價值。

路透參加了高斯的電報機實驗，他細緻而又耐心地觀察著試驗的進展情況，心裡卻在思索著：如果能用這套設備傳送消息，便會產生情報革命，其成果也有可能為一種新型的電訊活動服務。

沒想到，正是路透這麼隨便一思索，竟思索出一個世界通訊王國。

路透從高斯博士那裡獲益匪淺，了解了許多關於電報機的實用化及與此相對的技術等方面的問題，懷著闖天下的雄心，去了帝國首都 —— 柏林。

在柏林待了 8 年後，他又隻身去了巴黎。不久，由於他能熟練使用英、法、德三種語言，被巴黎最大的通訊社哈瓦斯通訊社的老闆聘為翻譯。

正式工作之後，路透對哈瓦斯通訊社龐大的通訊網路驚嘆不已，這家通訊社每天都能收到歐洲各地的主要報紙，從所有報紙中挑選有價值的文章出來並譯成法文作為通訊社的新聞稿，不僅分送給巴黎的報紙，還向國外的訂戶提供，甚至連俄國也購買哈瓦斯社的稿件。

於是路透努力工作，很快就熟悉了業務。幾個月後，他主動提出了辭呈。

既然譯成法文的新聞在政界和財界很受歡迎，為什麼自己不能單獨經營呢？

次年春，路透也開了一家通訊社，和自己的前「老闆」哈瓦斯展開了競爭。

這個做法也許東方人接受不了，但對於猶太人來說，這並不算什麼違背道德的行為，關鍵是他的通訊知識剛學了半年，且以他的微薄資本敢跳出來挑戰，獲勝的可能性有多大？

路透沒想那麼多，滿懷信心地做了起來。

他的房間變成了編輯部和印刷廠，社長、總編、發稿主任、翻譯、印刷工人、通訊員和收發員，全由路透一個人兼任，夫人除了做翻譯或抄寫外，還兼作「廚師」，二人每天東奔西跑，忙得不可開交。

走進他們潮溼的房間，首先映入眼簾的是發黴的窗簾布和壁爐中尚未燃盡的炭火。剩飯剩菜散落在木炭灰上，一看就知道他們在進餐時肯定非常匆忙。壁爐牆上鑲嵌的大理石板裂痕累累，桌子底下還搭了狗屋。

路透夫婦在離開巴黎兩個月後，柏林和比利時交界處的古城亞琛之間的電報線正式開通。

哈瓦斯是個精明能幹的商人，聽到了這個消息後，認為有利可圖，於是立刻派人前來亞琛調查，但結果卻使他大吃一驚，原來這條電報線的兩端已被人搶先占據了，搶他生意的不是別人，正是他以前的部下——路透。

此外，路透還在科隆設立了一個分站，收集德國各地的匯兌和證券交易的行情，再用火車送到布魯塞爾和安特衛普的訂戶手中。

當時德國已經有了系統的鐵路運輸網，有不少人利用火車進行通訊聯絡工作。路透也充分利用了火車這個工具，有人甚至說：

「通往亞琛的列車不裝上路透的快訊稿件就不開車。」

皇天不負苦心人，一段時期後，市場上竟出現了搶購路透快訊的局面。

然而，路透剛喘了口氣，分發距離卻出了問題：許多訂戶抱怨他們收到快訊的時間有早有晚太不公平。因為這些快訊大多是重要的市場行情，早點知道自然大有好處。

出現這個矛盾的原因就是由於訂戶散居各地，住處近的自然要占便宜。

為此路透想了一個新點子：在分發快訊時，再也不派人送或者郵遞，而是把所有的訂戶都集中在一個大屋內，按時向大家宣布。

西元 1849 年春天，路透的快訊服務已走入正規。

正在這時，巴黎到布魯塞爾的電報線開通了。於是，路透很快想到，如果再架設一條從亞琛到布魯塞爾的電報線，豈不就可以把歐洲兩個最大的商業都市柏林和巴黎連結起來？

然而，亞琛到布魯塞爾還沒有電報線，用最快的交通工具也得花 9 個小時。這種速度顯然不適用於傳送快訊，時間拖久了，柏林到巴黎的消息就變成了舊聞，自然失去價值。

如何解決這一問題，路透絞盡腦汁設想了多種方案。

用專職郵差、騎馬信使和電報線接力的辦法都行不通。

怎麼辦呢？

突然，一個新點子浮現在他腦海，他對著妻子興奮地喊：「火車要用 9 小時，用這個點子，2 小時就足夠了！」

接著，他滔滔不絕地說明了用信鴿傳遞稿件的設想。

於是，路透馬上向一個飯店老闆租了一批信鴿。

每天上午，路透派往布魯塞爾的工作人員都要向亞琛報告有關資訊，做法是：把布魯塞爾股市收盤價和巴黎發來的最後一封電報的內容都抄在一張薄紙上，然後讓鴿子帶過來。這項工作看似簡單，其實不然。為了慎重起見，布魯塞爾要將 3 份同樣的資訊綁在 3 隻鴿子腿上。

在亞琛，路透夫婦和接鴿小組全體出動，耐心等待鴿子飛來並捕捉牠們。緊接著把信件取下來，刻不容緩地複寫若干份。

複寫中一定要認真仔細，絕不能出現錯字或遺漏。這一工作一般由路透夫人來完成，她的字工整、娟秀、彷彿印刷的一般，顧客很少有挑剔的，其繁瑣可想而知。

這種從柏林到巴黎的快報體制，就是由電訊、火車、信鴿加「跑步者」組成的。

長跑的擔子自然而然落到路透肩上，當時路透 33 歲，身強力壯，每天要堅持跑步把稿子送到電報局，從不間斷。

路透社後來遷居英國，成為英國最大的通訊社。現在與美聯社、法新社鼎足抗衡。

在學習中成長的尤伯羅斯

歷史上的第 23 屆奧運會由洛杉磯獲得申辦權，但承辦期間出現了資金麻煩，於是，時勢造就了彼得．尤伯羅斯（Peter Ueberroth），由他開創了奧運歷史上的私人承辦奧運會的先河。

1937 年，尤伯羅斯出生於美國伊利諾伊州，他父親是一個成功的建商，良好的家庭薰陶使尤伯羅斯從小就非常聰明。

由於尤伯羅斯家是猶太人，因而他的家庭經常遷移，他曾先後在 5 個州的 6 所小學和 3 所中學上過學。

尤伯羅斯的父親對他的成長影響頗深。他父親雖然沒有受過高等教育，但是一個非常精明能幹的人，而且知識非常淵博。每當全家在一起吃晚餐時，尤伯羅斯父親的話題有如一部小百科全書，從豬肉到馬鈴薯，從國內政治經濟到國際大事，談話之間還不時地向 3 個孩子提出問題，這種潛移默化的教育，使尤伯羅斯獲益匪淺。

上大學後，尤伯羅斯一邊認真學習，一邊廣泛參加各種體能活動。

大學畢業後，他先後到一家飛機場和航空公司工作。儘管飛機場的工作非常枯燥，但尤伯羅斯把它當成一個極好的鍛鍊機會，運行李、做廣告、賣票、驗票等，他樣樣都做過，樣樣做得非常認真。在航空公司，由於他工作出色，在短短的一年內，他就被提升為副總經理，時年 22 歲。

後來，由於該航空公司被轉賣，他又到另一家航空公司工作。但是，新的工作並沒有帶給他好運，公司連年虧損，他個人也負債累累，幾經周折，他才從困境中擺脫出來。

這次打擊，對尤伯羅斯啟發很大，他下決心要認真管理「財政」，並且為他的白手起家累積一定的經驗。

經過幾個月的思索，他決定用自己僅有的一點家當在好萊塢開設國際運輸諮詢公司。

諮詢公司開創時只有一間辦公室，但在他們的精明管理下，諮詢公司很快發展起來，到 1967 年，他已擁有 36 萬美元的資金，並開始出售股票。

1972 年，尤伯羅斯以 67 萬美元的價格買下了歷史悠久的「梅斯特先生旅遊服務公司」，轉而經營旅遊服務業，公司不斷發展，把原有的在世界各地的 38 個辦事處發展到 100 多個。

一年之後，尤伯羅斯又開創了「僑胞旅社公司」，很快就發展到擁有

4,000 多套房間，10 多個豪華的遊藝場的規模。

緊接著在 1974 年，他又成立了第一旅遊公司，4 年後，第一旅遊公司即發展為在全世界擁有 200 個辦事處，1,500 名工作人員的北美第二大旅遊公司，年總收入約 2 億美元，年純利潤達幾百萬美元。

未到不惑之年，就成了百萬富翁，在此基礎上，他又創造了前所未有的奇蹟。

1978 年 11 月，在洛杉磯市獲得奧運會主辦權後的一個月，市議會就通過了一項不准動用公共基金辦奧運會的市憲章修正案。

洛杉磯市政府只好把求援之手伸向美國政府，也許是對奧運會不屑一顧，也許是已經意識到美國舉辦奧運會會遭到蘇聯的報復而進行抵制，美國政府對此冷若冰霜，明確表示不能提供一分錢。

巧婦難為無米炊。洛杉磯市已經走投無路，只好向國際奧會申請，要求允許以民間私人出面主辦奧運會。

這個請求太意外了，國際奧會還從來沒想過由私人主辦奧運會。萬一這個人半途而廢怎麼辦？偌大的奧運會交由私人主辦，國際奧會的面子置於何處？

更何況，《憲章》已明確規定只能由城市主辦奧運會。如果還有另一個城市申請，國際奧會就有了迴旋的餘地，然而，當時沒有別的國家和城市申請舉辦，國際奧會一點迴旋的餘地都沒有，《憲章》的這條規定第一次失敗了。

於是，洛杉磯奧運會籌備組開始「物色」一個能在行政當局不貼一分錢的情況下辦好奧運會的人選。

「物色」委員會的理想標準是，這個人年齡在 40~55 歲之間，在洛杉磯地區生活過，喜歡體育，具有從經濟管理到國際事務等多方面的經驗。

電腦在不停地開動著，經過一次又一次地篩選，電腦裡不斷出現的名字就是 —— 彼得·尤伯羅斯。

於是籌備組向尤伯羅斯發出了邀請，當籌備組的人談起所謂「理想人選」的標準後，尤伯羅斯情不自禁地說：「哦，這有點像我。」

他妻子吉妮後來說：「不是像他，就是他。」

私人主辦奧運會是奧運會歷史上的第一次，同時也意味著要冒最大的風險。前幾屆奧運會是城市主辦的，財政上的虧損，誰也沒辦法逃過去。

1972年，在原聯邦德國慕尼黑市舉辦的第20屆奧運會所欠下的債務，久久不能償還。

1976年，加拿大蒙特婁第21屆奧運會，虧損達到10億美元。

1980年，在蘇聯的莫斯科舉行的第22屆奧運會耗資高達90億美元，虧損更是空前。

1980年，在美國普萊西德湖舉行的冬季奧運會，就財政和組織上來說，也是不甚成功的。

縱觀現代奧運會的歷史，就能發現，舉辦奧運會是財政上的一場「災難」，誰主辦誰就得不惜「血本」，更何況尤伯羅斯是私人主辦奧運會。

現實即使如此，但尤伯羅斯覺得是對自己一次重大的挑戰，他欣然接受了籌委會的邀請。

奧運會是舉世矚目的，對一個國家，一個民族和城市能夠承辦奧運會是一個巨大的榮譽，但是，奧運會的巨額費用使承辦者苦不堪言，想承辦者也知難而退，籌集資金是承辦奧運會的關鍵，這個問題始終困擾著人們。

但尤伯羅斯畢竟是一個強而有力的人物。如果沒有很大把握，他也不會接下的。

人們說：「任何東西到了商人手裡，都會變成商品。」

這句話對尤伯羅斯來說恰如其分，毫無誇張。

尤伯羅斯決定利用各競爭對手的競爭心理，提升贊助收入。

他規定本屆奧運會正式贊助單位只接受30家，每一個行業選擇一家，每家至少贊助 400 萬美元，贊助者可取得本屆奧運會某項商品的專賣權，這樣一來，各大公司就只好拚命抬高贊助額的報價。

可口可樂和百事可樂歷來是對頭，每一屆奧運會都是兩家交手的戰場，1980 年莫斯科奧運會上，百事可樂占了上風，雖然賭注大了點，但畢竟打響了品牌，提升了銷售量，可口可樂儘管自恃老大，但一不留神就會在競爭中落後，這次洛杉磯奧運會上，可口可樂決心一定要挽回自己的面子。

尤伯羅斯向兩家面子公司拋出了 400 萬美元的底價。

百事可樂還在猶豫之際，可口可樂已經胸有成竹，一下子把贊助費提升到 1,300 萬，高出了尤伯羅斯提出的低價 2 倍之多。

可口可樂的一位董事咄咄逼人地說，我們一下子多出了 900 萬，就是不給百事可樂還手的餘地，一舉將它擊退，果然百事可樂沒有還手，可口可樂成了飲料行業獨家贊助商。

尤伯羅斯笑納 1,300 萬美元後，又把目光對準了底片的兩位大亨：柯達（Kodak）公司和富士（FUJIFILM）公司。底價同樣是 400 萬美元。

然而這次可不那麼順利。

柯達公司開始也想加入贊助者的隊伍，但他們不肯接受組委會的不得低於 400 萬美元的條件，他們只同意贊助 100 萬美元和一大批底片，尤伯羅斯沒有答應，他還親自飛到柯達公司的總部勸說他們接受組委會的條件，但「心胸狹窄和傲慢」的柯達公司沒有同意，他們本以為有掌握不改變條件便可獲得贊助權，等待著尤伯羅斯的讓步。

此時一向嗅覺靈敏的日本人似乎感覺到了什麼，決心以此打入美國市場。富士公司和尤伯羅斯討價還價，最後以 700 萬美元的價格買下了洛杉磯奧運會底片獨家贊助權。

待到柯達公司醒悟時，富士底片已經充斥了美國市場，為此柯達公司廣告部的經理被撤職了。

美國通用汽車公司與豐田等日本幾家汽車公司的競爭，更是熱火朝天，彼此都竭盡全力以拚搶這「唯一」的贊助權……結果，企業贊助共計 3.85 億美元，而 1980 年的莫斯科奧運會的 381 家贊助廠商，總共贊助僅 900 萬美元。

收入最高的莫過於把運動會實況由電視轉播權作為專利拍賣。

最初，工作人員提出的最高拍賣價是 1.52 億美元，遭到他的否定。

他親自出馬研究了前兩屆奧運會電視轉播的價格，又弄清楚了美國電視臺各種廣告的價格，提出 2.5 億美元的價格。

尤伯羅斯還以 7,000 萬美元的價格把奧運會的放手轉播權分別賣給了美國、澳大利亞等國，從這開始，電臺免費轉播體育比賽的慣例被打破了。

結果，僅此一項，尤伯羅斯就籌集到了 2.8 億美元。

奧運會開幕前，要從希臘的奧林匹亞把火炬點燃空運到紐約，再蜿蜒繞行美國的 32 個州和哥倫比亞特區，途經 41 城市和近 1,000 個鎮，全程 1.5 萬公里，透過接力最後傳到洛杉磯，在開幕式上點燃火炬。

尤伯羅斯發現參加奧運火炬接力跑是很多人夢寐以求、引以為榮的事情，於是他提出了一個公開拍賣參加火炬接力跑權利的辦法，即凡是參加美國境內奧運會火炬接力跑的人，每跑一英里，須繳納 3,000 美元。

此語一出，世界輿論譁然，儘管尤伯羅斯的這個做法引起了非議，但他依然我行我素，最後大筆的款項還是收到了，這一活動籌集到了 3,000 萬美元。設立「贊助人計畫票」。凡願贊助 2.5 萬美元者，可保證奧運會期間每天獲得最佳看臺座位兩個；每家廠商必須贊助 50 萬美元，才能到奧運會做生意，結果有 50 家廠商，從雜貨店到大型的商業公司，都出來贊助。

組委會還發行各種紀念品、吉祥物，高價出售。

雖然奧運會的大多數專案的開支不能減少，但有不少專案可以採取變通辦法，這就會節省一大筆開支。

首先，洛杉磯 1932 年曾舉行過奧運會，雖然現在奧運會的規模與當初不可同日而語，但以前奧運會的一些設施畢竟猶存，仍然可以使用。於是他對這些場地簡單地進行了修繕，這就為他節省了一大筆開支，而且大大減少了工作量。

其次，尤伯羅斯正式聘請的工作人員只有 200 名，這與前三屆比相差懸殊——

慕尼黑奧運會有 1,600 名職員；

蒙特婁奧運會有 1,505 名職員；

莫斯科奧運會有 2,000 名職員。

正式工作人員少，不僅減少了開支，而且容易管理，職員之間沒有踢皮球現象，工作效率高，更何況尤伯羅斯很好地運用了支援人員，使組委會工作效率迅速提升。

隨著奧運會的日益臨近，整個洛杉磯已呈現出濃郁的氣氛。由各公司贊助整修和重建的各種設施也已煥然一新。

當國際奧會主席薩馬蘭奇（Joan Antoni Samaranch）和主任貝利等人

視察了這些設施之後，非常滿意地說：「洛杉磯奧運會的組織工作是最好的，無懈可擊的。」

從五彩繽紛的開幕式開始，抵制給奧運會帶來的陰影被一掃而光了，來自世界各地的運動員和觀眾以及美國的觀眾表現出的空前熱情，把洛杉磯奧運會推向了巨大的成功。

140 多個國家和地區的 7,960 名運動員使這屆運動會的規模超過以往的任何一屆。整個奧運會期間，觀眾十分踴躍，場面熱烈，門票銷路大暢，田徑比賽時，9 萬人的體育場天天爆滿，以前在美國屬於冷門的足球比賽，觀眾總人數竟然超過了田徑，就連曲棍球比賽也是場場座無虛席，美國著名運動員路易斯一人獨得 4 枚金牌，各種門票更是被搶購一空，多傑爾體育場的棒球表演賽，觀眾比平時多出 1 倍。

同時，幾乎全世界都收看了奧運會的電視轉播，令人眼花繚亂的閉幕式至今還留在人們記憶中。

在奧運會結束的記者招待會上，尤伯羅斯宣稱，本屆奧運會將有盈利。一個月後的詳細數字顯示本屆奧運組委會除去一切開支，節餘了 2.36 億美元，尤伯羅斯本人也獲得了 47.5 萬美元的紅利。

洛杉磯奧運會以其財政上前所未有的成功為後來的奧運會樹立了榜樣，這一結果證明了尤伯羅斯確實是一個經營天才。

酷愛讀書的雷蒙德

《紐約時報》是世界十大名報之一，創辦至今已有 100 多年的歷史。它是世界各國政府必訂的報刊之一，其中有許多專欄經常被同行購買，進行轉載。它的創始人是猶太人亨利 · 賈維斯 · 雷蒙德（Henry Jarvis Raymond）。

雷蒙德自幼家境貧寒，卻酷愛讀書。他憑著對知識的渴求，頑強地堅持自學，終於學有所成，寫得一手好文章。

雷蒙德 16 歲時，當了小學教員，開始自謀生計。雄心勃勃的雷蒙德並不滿足於默默無聞的教書生涯，4 年之後，20 歲的他便辭去教師之職，隻身前往紐約尋找發展的機會。

雷蒙德最擅長寫文章，到紐約後，他決定先從事筆耕。他首先向加里尼經營的《紐約人報》求職，並被雇用。

然而《紐約人報》經營不佳，不到一年便關門大吉了。後來，加里尼又創辦了《論壇報》，雷蒙德的職位被保留而且受到重用，他集編輯、文筆、記者於一身，薪水由每週 8 美元增加到 20 美元。

西元 1843 年的一天，雷蒙德奉加里尼之命去波士頓訪問一名政治家，並隨身帶了一名排字工前往。採訪完畢，他們趕乘夜班輪船到紐約，在途中雷蒙德就完成了採訪稿，並由排字工及時排版。天亮前，輪船抵達紐約港，這篇文章剛好趕上了。於是，《論壇報》當天早上就刊出了對政治家的專訪，比其他報紙提前了整整一天，雷蒙德因此出了名。

雷蒙德並不安於在人之下的工作，幾個月後，他辭去了《論壇報》的工作，進入《問訊報》。數年後他又辭職，決定自己創辦一家報紙。

他首先找到銀行家喬治，喬治對辦報非常有興趣，而且很信任雷蒙德的能力，便提出一個集資 10 萬美元的辦報計畫，請雷蒙德詳細列出新報紙內容以便向社會公開招股。後來喬治又拉了銀行界的一個朋友加盟，成立了「雷蒙德喬治有限公司」。喬治任公司的董事、經理，兼《紐約每日時報》（後改名為《紐約時報》）的發行人，雷蒙德任總編。公司發行了股票，每股 1,000 美元，預期籌資 7 萬美元。

創業之初，報社蝸居在紐約一幢未建成的樓房裡。由於該建築商中途破產，樓房尚未安裝門窗，因資金缺乏，報社暫時屈就於這座沒有任何安全保障的樓中。當時電燈還沒發明，辦公室煤氣也沒安裝，晚上只能用燭光照明，室內光線昏暗，寫稿、排字非常不便。

《紐約時報》就是在這種環境下成長的，其內容也沒有什麼特別之處。為了打開市場，《紐約時報》前幾十期的售價僅為 1 美分，比一般報紙的零售價低了一半。同時，為了加快印刷速度，《紐約時報》又採用了比一般印刷速度高幾倍的捲筒式印刷機，發行量與日俱增。

一週後，雷蒙德又出新招，他提出了一個免費向紐約 50 萬市民贈報一週的計畫，並將每週的報費定為 6 分錢。

結果不出所料，不到 10 天，訂戶就超過 1 萬戶。此時，雷蒙德的 7 萬美元創辦費已差不多花光了，報社在雷蒙德不惜血本的大膽冒險後，終於轉虧為盈。

在《紐約時報》慶祝創刊一週年的活動中，雷蒙德發現了報紙的兩個大問題：一是報社的面積太小；二是報紙上廣告的內容太多，影響銷量。

為此，雷蒙德做出了遷址、壓縮廣告及增加廣告費的決定。他在報紙上公開了報社的困難，向廣告客戶和讀者道歉，並保證遷址後將增加報紙篇幅。雷蒙德如此誠懇的態度，客戶們當然樂意接受。

之後幾年，雷蒙德和喬治先後去世，米勒接替了《紐約時報》總編的職務。由於米勒心有餘而力不足，報社面臨倒閉的危險。這時，報業天才奧克斯收購了時報，並使之重振雄風。

奧克斯是德國猶太移民，曾先後擔任過幾家報紙的主編，是一個雄心勃勃的幹才。他接管《紐約時報》後，立即對報紙進行了大規模的改革。

當時，紐約正處於經濟起飛階段，城市面貌日新月異，人口也大量增加，這為奧克斯大刀闊斧的改革提供了有利的客觀條件。

在內容方面，奧克斯增加了經濟、金融等讀者關心的熱門話題，增加了「週末書評」專欄，該專欄內容新穎，很受同行重視，也深受讀者喜愛。在豐富時報內容的同時，奧克斯又對時報的版面進行了改革，使版面令人耳目一新。

此外，奧克斯還將時報零售價從 3 分降至 1 分，報紙銷售量立即增到 4 萬份。1 分錢 1 份，薄利多銷且廣告費也大增，時報仍然有利可圖。

1900 年，《紐約時報》銷售量突破 10 萬大關，是奧克斯接管前的 10 倍之多。

4 年後，奧克斯用 259 萬美元建立了「紐約時報」大廈。大廈高 22 層，在當時的紐約如鶴立雞群，奧克斯還將紐約市第 42 街到 47 街命名為「時報廣場」。

1914 年，第一次世界大戰爆發。同年 8 月 26 日，《紐約時報》以題為「柏林飛艇空襲安特衛普」的文章報導了德國對比利時的空襲。「空襲」一詞是他們首創。

一戰後時報銷售量突破了 30 萬份。

1928 年「星期刊」銷售量達 70 萬份，日報銷售量達 41 萬份，年利潤達 2,700 萬美元。

現在，《紐約時報》已成為全世界的一位報業巨人，其地位傲居全球十大名報之列。

第九章　超凡智慧盡在一冊

要想了解與洞悉猶太人經商的智慧，必須了解與洞悉《塔木德》；否則你的了解是無源之水、無本之木，是膚淺的。

《塔木德》一書是猶太人繼《舊約聖經》之後最重要的一部典籍，是揭開猶太人超凡智慧之謎的一把金鑰匙。《塔木德》在世界上廣泛流傳，大約被譯成12種語言。尤其是猶太人人手一冊，從生到死一直研讀，常讀常新。它不僅教會了猶太人思考什麼，而且教會了他們如何思考。它用一種始終如一的聲音，構建了猶太人的世界觀。這宛如一位和藹可親的朋友或思想深邃的學者，始終和每一個猶太人進行交談和討論，並穿透瑣累的生活，讓人感覺到鮮活的智慧和觸及萬物的力量。

關於窮人與富人

這個世界每天都在變化。今天富有的人明天就不一定富有，今天貧窮的人明天也不一定貧窮。

——《出埃及記 · 拉巴》第 31 章

一個有錢人辛辛苦苦地累積著財富，但當稍有一點放鬆，他就會受到奢侈品的誘惑。

一個窮人辛苦地工作以維持他微薄的生活，當他放鬆一下，就會發現自己無法生存。

——《本 · 希拉的智慧》第 31 章

有個猶太拉比在一段教義中寫道：人們通常為他們的窮親戚而害臊，和他們保持著距離，否認他們是自己的親戚。這種做法恰恰是與上帝意志相違背的。「窮人也是他的臣民，當他看見窮人時，總是賜予他們衣食。」《聖經》中的許多重要教義和後來的猶太法學書及倫理學家們都仿效上帝的這一種品德 —— 盡一切可能地伸手幫助窮人。在希伯來話中，慈善一詞是「Zedakah」，即正義、正直的意思。教義始終強調，窮人有權利得到慈善，給予者和接受者雙方都有各自的權利。

倘若在你們中間有一個窮人，別昧著你的良心撒手不管。相反，你應該張開雙手（借）給他所需要的一切。

毫不猶豫地給他東西，在沒有任何怨言中做完這一切。作為回報，上帝會保佑你，使你的一切努力都有所回報，你的一切事業都能成功。在你力所能及的範圍內永遠別忘了需要你幫助的窮人，這就是我要你去向窮人張開雙手，去幫助你領地裡的窮親友的原因。

——《申命記》第 15 章

一位虔奉宗教的人繼承了一筆財富。一般情況下，在安息日前天，太陽下山前，他就開始為安息日做準備。

一次，為了件急事，他不得不在安息日將近之時，離開家。在回來的路上，一個窮人乞求他賞點錢，好買些食物過安息日。

這個虔奉宗教的人非常生氣地指責這個窮人：「你怎麼能直到現在才想買過安息日的食品呢？沒有人會等到這個時候，你一定是在騙我，想讓我給你些錢！」

他到家後，把他遇到的這件事告訴了妻子。

「我要告訴你是你錯了。」他妻子說：「在你的生活中，你從沒有嘗過貧困的滋味，也不知道窮是什麼樣子。」

「我是在窮人家長大的。我記得，很多次，差不多天黑了，到了安息日的時間，我父親還在為尋求一塊能帶回家的乾麵包而奔波。對那個窮人，你是有罪的。」

這個虔奉宗教的人聽了以後，他就跑出來尋找這個乞丐，這個乞丐還在尋求過安息日的食物。這個富人給了他麵包、魚、肉和酒去過安息日。然後他還請求窮人原諒他。

—— 民間故事

一個視錢如命的人從不會滿足他所得到的金錢，同樣，一個守財奴也不會滿足他所得到的錢。那實在是可悲了。隨著他財富的增多，他同時也需要消費，否則，財富擁有者的成功不就等於是滿足自己眼睛的需要嗎？

一個工人，不管他是否有足夠的食物，他的睡眠總是安穩的，但是一個富人，儘管他物質財富充足，但他卻無法安穩地入睡。

一個最大的不幸在於：一個人不可能長期在世界上生存，當他赤條條地來到這個世界上的那天起，就注定他要從地球上消失，他不可能把他的財富永遠帶在身邊。

所以，一個人辛辛苦苦地操勞一輩子，除了煩惱、不幸、憤怒陪伴他生活在黑暗中以外，還能有什麼好處呢？

——《傳遭書》第 5 章

「你不需要榮譽和權力，」這個卡斯瑞拉維卡人說：「你缺少什麼呢？只有一件東西 —— 永生。」

「花多少錢我能得到它？」羅斯柴爾德問。

「300 盧布。」這個卡斯瑞拉維卡人說。

「那麼多！你能不能再考慮一下？」

「不，當然不能！」

羅斯柴爾德有什麼辦法呢？他付給這個人 300 盧布，一個一個交給他，為了永生的祕密。

「如果你要想永遠活下去，聽我的建議。」我們的猶太人對羅斯柴爾德說：「放棄嘈雜的巴黎，收拾好你的東西，跟我到卡斯瑞拉維卡鎮來。在那裡，你永遠也不會死，因為在我們的城鎮裡，還沒聽說有一個富人死去。」

—— 肖洛姆 · 阿萊漢姆（Sholem Aleichem）《卑微的愚見》

即使一個生活在沒有慈善環境裡的窮人也應該履行慈善的行為。

——《巴比倫塔木德》（*Babylonian Talmud*）釋文《格金》篇

《聖經》裡面講了一個很感人的故事。故事是說在摩伯的地方有個叫路得的年輕的摩伯婦女，在她丈夫死後拒絕離開她的婆婆饒米的事。婆媳兩人為了生活，路得到田裡拾稻穗。田產擁有者是饒米的親戚波滋，稻穀收完後不久，波滋就娶路得為妻。

對於像路得和饒米這樣的窮人來說，「拾稻穗」為生是非常艱辛的。而對土地擁有者們而言，《聖經》教誨他們在收割稻穀時把其中一部分留給窮人去拾取。比如：在收割期間，麥粒或稻穗遺落在田地裡，這些遺落部分自然就該屬於窮人了。問題是農場主並不肯把那些穗粒送給窮人；那些需要穗粒的人也簡單地認為遺落在田埂上的穗粒屬於他們。接受幫助和迴避救濟以便自己保持尊嚴滲透在整個猶太教義之中。邁蒙尼德的八點慈善建議就是對這種理論的最有名的解釋。

當你在田地裡收割莊稼並把一捆稻穗遺落在田地裡時，不要再回去撿，那些東西該屬於陌生人、失去父親的人和寡婦……

當你搖動橄欖樹撿取果子時，不要再搜找一遍，那些東西該屬於陌生人、失去父親的人和寡婦……

當你在葡萄園裡收取葡萄時，不要再挑選一遍，那些東西該屬於陌生人、失去父親的人和寡婦……

——《申命記》第 24 章

與對物質的關心相比，人應該更關心精神方面的東西，但是，他人的物質利益則屬於自己精神方面的東西，要像關心精神方面的東西一樣予以關心。

——拉比．伊斯拉爾薩蘭特爾

有八種慈善行為，一種比一種境界高。最高的一種慈善行為是：一個人打算幫助窮苦的猶太人，他贈送這個猶太人禮品，接納他為交易夥伴，並幫助他找到工作 —— 一句話，就是使他無須再得到別人的幫助。

其次一種慈善行為是：有個人把救濟物品送給窮人，並以以下這種方式進行，即給予者不知道把財物送給了誰，接受者也不知道是誰給他的財物。舉個例子說，在古寺廟裡有一個祕密的地方，賢德之人祕密把禮物放到那裡，而貧困的人們會到那裡祕密地接受他們的救助。

差一點的慈善行為是：一個人把錢放到慈善箱裡。只有放錢人確信主管慈善箱的人值得信賴，並有能力管好這筆錢，才會把錢放到箱裡。

再差一點的慈善行為是：窮人知道自己是從誰那裡得到的救濟，但是施予的人卻不知他把救濟物品施予了誰。那些施予者把錢用圍巾繫好放到自己背後以便窮人能在一種不致窘困的情況下接受幫助，這種做法確實很聰明。

再差一點的慈善行為是：親手把禮物送到受者的面前。

再差一點的慈善行為是：只在窮人請求幫助時，才伸出援助之手。

再差一點的慈善行為是：給予窮人的財物與自己擁有的財產大為不符，但卻表現出一副慷慨解囊的樣子。

最差的慈善行為是：給予窮人禮物時露出十分不悅的神色。

—— 邁蒙尼德《規則·關於贈予窮人的規定》第 10 章

希萊其阿拉比是「樓廳畫家」胡尼的孫子。每當少雨時，拉比就會給他一個信號，只要他一祈求，雨水就會降臨。

有一次，人們特別渴望天降甘霖，便委託兩名學者去向希萊其阿拉比求救。

希萊其阿對他妻子說：「我知道這兩個人是來向我求降雨水的。我們先在他們到來以前去屋頂上去求雨吧！以便我們不至於因這場雨而得到讚譽。」

於是他們來到了頂部，希萊其阿拉比站在一個角落裡，他的妻子站在另一個角落裡，雲和雨首先從他妻子站的那個角落出現。

當那兩個學者到來時。希萊其阿問他們為什麼而來，他們便把此行目的告訴了希萊其阿拉比。「我們知道快要下雨了……但是為什麼雲彩首先出現於貴夫人站的角落，然後才出現在你的角落呢？」他們不解地問。

「這是因為我妻子待在家裡給窮人們麵包吃，他們可以立即享受到麵包的滋味；而我給他們錢，錢卻不能使他們立刻享受到快樂。」

——《巴比倫塔木德》釋文《塔亞尼特》篇

當一個人以他最大的能量、最細心的計畫一心致力於撈取庸俗的好處，而且又企圖以最有限的能力去促使這好處發展時，他應該考慮一下自己的靈魂。

以後他會發現他對於那些世俗雜事的想法是他思想的最高點，而且在那方面的希望是他最崇高的期望，以至於沒有任何一種財富能滿足他的要求。他就像一團火，要想燒得更旺些，就得多加些柴火。所以，他的整個身心都被那些世俗的愛好日日夜夜纏繞著。

他總是等待著商品累積出售的季節，他研究市場的狀況，調查商品的價格，記錄世界各地商品價格的升降。不管是嚴寒還是酷暑，也不管是海上的風暴還是沙漠上的長途旅行都無法阻止他的行動。

他做這一切是希望能得到一個結果，事實上那裡沒有什麼結果，只會使他的努力成為徒勞，除了延長他的痛苦、煩惱和辛勞之外，別無他得。

如果他得到了一點點他所需要的以後，可能將得到的一切就是照顧、管理好它，使它免受災難，直到它成為它注定要歸屬的人的財產。

——巴哈亞．帕庫達《心的職責》

有錢的農場主卡爾布的女兒自己決定跟拉比阿基巴訂婚了。阿基巴當時是一個窮羊倌。卡爾布聽到這個婚約時，他發誓再也不會給他女兒一分錢，一份遺產。

這對年輕人在冬天結婚了，他們很窮，睡在稻草上。

「要是我能夠買些裝飾品多好，」阿基巴解下他妻子頭上的稻草說：「我將為你買一個有耶路撒冷照片的金框裝飾品。」

一天，先知艾利加來看他們，他喬裝成一個凡人，「給我一些稻草吧！」他在他們門口喊道：「我妻子要生產了，可是我沒有什麼東西可以讓她躺下。」

「你瞧！」阿基巴對他妻子說：「我們以為自己很窮，可還有一個連稻草都沒有的人呢！」

——《巴比倫塔木德》釋文《耐得林》篇

羅馬統治者提內姆斯．盧浮斯問阿基巴拉比：

「倘若你的上帝熱愛窮人，那他為什麼不給予他們東西呢？」

阿基巴回答道：「透過貧困的磨難，可以使我們擺脫地獄之苦。」「而與上帝意志相反，你的每一次慈善行為都該受到指責，因為你的行為跟上帝的意志不相容。」提內姆斯．盧浮斯說道。

「我用一個比喻來解釋吧：假如一個凡間國王對他的侍從生氣，把他打入監獄，並號令不給他吃喝。有個人卻帶給他吃的喝的，這事讓國王聽到了，難道他不會很生那個人的氣嗎？你被稱為上帝的僕人，正像書裡所寫的一樣，而對我來說以色列人都是僕人。」阿基巴拉比回答道：「我用另一個比喻來解釋吧：倘若有個凡間的國王生他王子的氣，把他打入監獄並命令不給他飯吃，不給他水喝。有人卻去給他飯吃，給他水喝，這事讓國王知道了以後，難道國王不會報答那人？我們被稱為上帝的孩子，正像書裡所寫的一樣，『你們是上帝的孩子』。」

——《巴比倫塔木德》釋文《巴瓦·巴特拉》

我們期望的難道就是這麼一種齋戒？使人們在這一天裡挨餓？把頭叩得像紙莎草一樣搖搖擺擺？沉浸在悲切的氣氛中？這就是你所謂的齋戒日，使上帝歡顏的一天？

絕不是！這才是我所期望的齋戒：

去擺脫邪惡的壓力，去解除繩索的束縛，讓被壓迫者獲得自由，打破一切枷鎖。

和飢餓者一起分享你的麵包，讓那些可憐的窮人去你家裡；給裸者衣穿，不要怠慢了你的窮親友……

倘若你能排除來自你心中的壓力；放下指責別人的指頭，丟棄邪惡的話語，給予飢餓者以你的憐憫之心，讓這些飢餓的生靈感到滿足。

你的光輝就會在黑暗中顯現，你心中的幽影就會像正午天一樣消失無蹤。

——《以賽亞書》第 58 章

在一次旱災中，阿巴胡拉比在夢中聽到一種聲音：「讓彭陀卡卡（一個一天中犯了五次罪的人）去祈求老天普降甘霖免除旱災吧。」

彭陀卡卡照辦，於是雨便降臨了。阿巴胡拉比傳喚了他。

「你做了什麼樣的工作呢？」拉比問他。

「我一天中犯下五次罪。我雇用妓女；我是劇院的侍從；我把那些妓女的衣服拿到洗澡房；我當著她們的面跳舞；我敲打鼓樂器。」

「那你做過什麼樣的好事呢？」

「有次我正清掃著劇院，有一女人走了進來，站在劇院後臺哭泣。『你怎麼啦？』我問她，她答道：『我丈夫被關在監獄裡，我來這裡出賣肉體就是為了賺到足夠的錢讓他獲得自由。」

「聽完她的哭訴，我賣掉了我所有的一切，包括我的床鋪和寢具用品。我把所得的錢交給她並告訴她去贖回她的丈夫和赦免自己的罪過。」彭陀卡卡回答說。

阿巴胡拉比說道：「所以你祈求老天降雨是應該得到回報的。」

——《耶路撒冷塔木德》釋文《塔亞尼特》篇

有許多例子可以說明借比給予（別人東西）更好些：

盧賓是個誠實的人，他請求西米昂借給他一點錢，西米昂毫不猶豫就把錢借給了盧賓，並對他說：「我真地想把這點錢作為禮物送給你。」

西米昂的話使得盧賓難堪極了，並感到受了侮辱。於是，他再也不向西米昂借錢了。很清楚，在這件事上，如果西米昂不把錢作為禮物送給盧賓會更好些。

——虔誠的猶太《虔誠者訓》第 1691 部分

世界上沒有什麼事比貧窮更糟糕的了——它是所有痛苦中最可怕的。一個受貧窮壓迫的人好像世界上所有的麻煩都會落到他身上，《聖經》提到的所有咒罵都會落在他身上。

我們的拉比說，如果把世界上所有的痛苦都放在天平的一邊，那麼天平那邊就是貧困，貧困將在重量上超過它們之和。

——《出埃及記·拉巴》第 31 章

有個人一輩子都很自私。在他臨終前，他的家人要他吃點東西。「假如你給我一顆雞蛋，我會吃的。」他答道。

正當他準備吃雞蛋時，有個窮人出現在他家門檻邊行乞：「可憐可憐我吧！」那個臨死的人轉身叫他家人把雞蛋給那個窮人吃。

三天後，他死了。

過了一段時間後，那個死者出現在他兒子身邊，兒子問他：「爸爸，你去的那個世界怎麼樣？」

那死鬼父親答道：「把你的實踐付諸慈善，你就可以去你想去的地方。縱觀我的一生，我做過的唯一慈善行為就是把那顆雞蛋給了那個窮人。於是，我死時，那個雞蛋的價值就超過了我曾犯下的所有罪過，我已被允許去樂園了。」

這件事告誡人們：「永遠別停止積點善德。」

—— 民間傳說，見摩西·卡斯特編輯《拉比的事蹟》

如果你想拯救一個人於汙泥之中，不要以為站在頂端，伸出援助之手就夠了。

你應該善始善終，親身到汙泥裡去，然後用一雙有力的手抓住他，這樣，你和他都將重新從汙泥中獲得新生。

一個已經完成撫養兒女義務的父親為了使自己的兒子研究《聖經》，使女兒受到訓練走上正直的道路，而依然向已經成年的兒女提供資助，是一種慈善行為。這些原則和限制也同樣適應於兒女向父母施予救濟的情況。事實上，在一般情況下，一個人在施予救濟時，自己的父母子女比別人要有優先權。

一個人應先向自己的親戚施予，然後再向他人施予。自己家中的窮人在接受施予方面要優先於本城的窮人。自己城中的窮人在接受施予方面要優先於其他城市的窮人，以色列領土上的窮人在接受施予方面優先於以色列領土以外的窮人。

——約瑟夫·卡羅《猶太法的規則》第251章

關於商業道理

學者塞繆爾在食物價低的時候，囤積了很多食物。等到漲價的時候，他以很便宜的價格把他的食物賣給窮人。

其他聖賢說他應該停止這種做法。

原因是什麼呢？因為他囤積糧食會使價格上漲，而且一旦價格漲上去，就很難再降下來。

人們說到拉比胡那，說他在安息日的每個星期五的晚上都會派一個僕人去市場把所有未賣掉的產品全買下來，並且把它們全扔進河裡。

為什麼他不把它們分給窮人呢？

他害怕窮人們會從此依靠他而不再想辦法自己購買食物。

他為什麼不把那些蔬菜餵動物呢？

因為他信奉食物是為人而生長的，不能喂了動物（而且這樣一來人就被侮辱了）。

那麼他又為什麼把所有的產品都買下來呢？

因為他害怕要是食物賣不掉，那麼那些農場主就會在不遠的將來減少供給以抬高價格（這樣就造成了使窮人更加困難的局面）。

——《巴比倫塔木德》釋文《塔亞尼特》篇

不管買什麼東西，買主總是希望對賣主和其他買主表現出禮貌和深思熟慮。

欺詐適用於買和賣，它還適用於說話。

如果某人不想買東西，他就不應該問：「這東西多少錢？」

——密西拿釋文《巴瓦·邁齊亞》

吉德爾拉比正在為買一塊土地談判，阿巴拉比走在了他的前面，買了那塊土地。於是，吉德爾拉比向蔡恩拉拉比訴苦，蔡恩拉拉比就把這件事告訴了以撒拉比。

「等到阿巴拉比下一個節日來耶路撒冷時再說。」以撒拉比說。

等阿巴拉比來了後，以撒拉比就對他說：「如果一個窮人正在挑選一塊糕點，而另一個人來了，從他身旁把它拿走了，那是什麼行為？」

「那是惡劣的行為。」阿巴拉比回答道。

「先生，那你為什麼這樣做呢？」以撒拉比問道（指那塊土地）。

「我不知道他正在談判。」阿巴拉比答道。

「那麼你就還給他吧。」

「我不會把土地賣給他的。」阿巴拉比說道：「因為這是我買的第一塊地，賣了它不會有好兆頭。但是如果他想作為禮物收下的話，那可以。」

吉德爾拉比太傲慢了，不願意作為禮物接受這塊土地。，引用《聖經》上的話：「憎恨禮物的人將會生存。」

阿巴拉比現在也不想占有這塊土地，因為他知道了吉德爾拉比曾經為這塊土地談判過。

所以兩人都沒要這塊土地，它成了一塊「拉比土地」，被當作學生聚會的地方。

——《巴比倫塔木德》釋文《釋經》篇

不許你在口袋裡藏有大小不一的砝碼，也不許在你的房間裡藏有大小不一的尺子。

如果你想在上帝——你的神賜與你的土地上久居的話，那你必須擁有完全準確的砝碼和尺子。

因為任何人做的那些不誠實的事情，不誠實的交易，都是與上帝——你的神不一致的。

——《申命記》第25章

朱達拉比說：「一個店家是不允許給孩子們炸果仁吃的（這些孩子是他們的媽媽讓他們到商店去買東西的），因為這樣做就會鼓勵這些孩子只去這個店家的商店（造成不公平的競爭）。」

但是聖賢們卻允許這樣做。

朱達又說，一個店家不能低於市場價出售商品。

但是聖賢們又說，如果這個人這樣做了，他將得到人們的懷念！

「一個店家不能送給顧客炸果仁……」

聖賢們允許上面這種做法的原因是什麼呢？因為這個店家可以對他的競爭者說：「我給他們果仁，你可以給他們李子。」

「一個店家不能低於市場價出售商品。」

聖賢們允許這樣做的原因又是什麼呢？因為他幫助降低了商品的價格。

——密西拿《巴瓦．邁齊亞》

我們的先哲們這樣寫過：一個人不必提防一個公開散布邪惡的人，也不必提防一個真正虔誠的人，當然你知道他非常忠實，但是一個人必須提防裝作很正直的人，這種人經常吻他的禱告書，吟誦讚美詩而且日夜作禱告，但是他在錢的事情上是個騙子。

有的人認為上面這種人是真正虔誠，因為他對主的尊崇是如此的誠摯……但是在更多的情況下，人們還是不願意信任這種人。

真正的虔誠是由對錢的態度決定的，因為只有當他在錢的事情上是清白的，他才可能被認為是真正虔誠的。

—— 澤威 · 考都諾佛《卡夫 · 哈 · 雅沙》

一個人沒錢時，他不應該裝作喜歡買東西。

這件事只有自己心裡知道，只應該在心裡知道所有的事，「害怕你的上帝」（雖然其他人不知道你的內心，但上帝知道）。

—— 《巴比倫塔木德》釋文《巴瓦 · 邁齊亞》篇

如果一個人試圖買或租土地或家具，而另一個人又來買，那麼我們說第二個人是懷有惡意的。

—— 約瑟夫 · 卡羅《猶太法法規》第 237 章

一個批發商必須每 30 天清理一次他的量具，而一個小生產者可以 12 個月清理一次。

拉巴 · 迦馬列所說的相反的意見也是正確的：「一個小生產者應該經常清理他的砝碼，因為經常不用，它們會黏上很多東西而變得不相等了。」

再者，一個店家必須每星期清理一次他的量具，一個星期擦一次砝碼，稱完每樣東西之後都要清理秤。

—— 密西拿《巴瓦 · 巴特拉》

一次，拉比撒夫拉正在做早禱告，這時候一個顧客來買他的驢子，因為撒夫拉不想打斷自己的禱告，就沒有立即回答。買主把撒夫拉的沉默誤以為是不同意自己開的價，於是買主就提升了價錢。看到拉比仍然沒有回答，買主又提升了價錢。

拉比做完禱告之後，他對買主說：「我已經決定以你第一次開的價把驢子賣給你，只不過剛才那會我不想打斷禱告和你說話。因此你可以就以這個價買走，我不會接受你出的那些高價。」

—— 沙巴的阿哈《謝艾爾透特》第 252 節

一個人為了使他的勞動得到最高的報酬，採取勸說的方式來誇耀他的貨物，這當然是很正常的。我們說這樣的人是有雄心的，而且會成功的。但是，如果他不慎重衡量自己的行動，結果注定是罪惡的，而不是美好的。

但是，你會問：「在討價還價過程中，我們怎樣才能使對方相信，我們賣給他的商品與我們索要的價格相符？」

在欺詐的和誠實的勸說之間，有一種顯而易見的區別。給買主指出要賣的貨物的優點，這完全是合理的。欺詐包含著隱藏商品的缺點。

—— 摩西．哈伊姆路紮特《正直的路》

商人們被鼓勵要使他們的產品對顧客有吸引力 —— 但是，必須始終在嚴格的誠實範圍內。

一個窮女人，她的蘋果攤擺在贊姿的哈依姆拉比家附近的地方。一次她找哈依姆抱怨說：

「長老，我沒錢去買安息日的東西。」

「那你的蘋果攤怎麼樣？」哈依姆問她。

「人們說我的蘋果不好，他們也就不願意買。」

哈依姆拉比立刻跑到大街上高喊：「誰要買好蘋果？」

沒一會，一大群人聚在他的身邊。這些人掏出錢連看也不看數也不數就買，這樣所有的蘋果以實際價的兩三倍馬上賣掉了。

「現在你明白了吧，」拉比在轉身走開時對那個女人說：「你的蘋果是好蘋果；所有的差錯都因為人們根本不知道這一點。」

——關於贊姿的哈依姆拉比的傳說

關於政府、法律與正義

為政權的穩定祈禱。因為如果沒有對它的敬畏，任何人都可吞食其鄰人。

——《神父們的倫理學》第 3 章

《聖經》上說：「你們已使人類變得像海中之魚，像遍地蔓延而無統治者的東西。」

為何將人類比作海中之魚類呢？就是因為在海中，大魚吃小魚，而人類也是這樣。若沒有對政府的敬畏，將會弱肉強食。

——《巴比倫塔木德》釋文《阿娃旦·紮拉》篇

《箴言》一篇中說：「看看那些螞蟻，你們這些懶人……沒有頭領，沒有管理或統治者……」

西米昂先生（著名的「實驗家」）決定觀察螞蟻是否有蟻王。

盛夏他來到一個蟻塚跟前，將外套展開蓋上去。一隻螞蟻出來了，發現了陰涼處，牠回去告訴其他螞蟻外面很陰涼（恐怕螞蟻不喜歡烈日吧）。立刻所有螞蟻都出來了，然後西米昂拿走他的外套，熾熱的陽光直射到螞蟻身上。

所有的螞蟻都撲向第一隻螞蟻將牠殺死。西米昂說：「很明顯牠們沒有蟻王，因為如果牠們有，牠們就不會不經蟻王允許而殺死那隻螞蟻（法律可以約束牠們相互之間的行為）。」

——《巴比倫塔木德》釋文《胡利恩》篇

當那些在審判時不公正的人增多時……人們將擺脫上天的束縛而將人類自己的束縛重加於自己身上。

——《巴比倫塔木德》釋文《索達》篇

聽百姓把話講完，然後公正地裁決任何人與以色列同胞或與過路人之間的爭端。

你們不能判決不公：無論其高低貴賤，都要聽其把話講完。不要畏懼任何人，因為上帝是公正的……

——《申命記》第 1 章

法官應時刻想著利劍對著心窩，地獄就在腳下，做法官的人應該聰慧、謙恭，懼怕犯罪，有好的名聲，受人歡迎。

在某位拉比過橋時，一個人伸手扶了他一把。拉比問：「你為什麼要這樣做呢？」那人回答說：「我的一樁訴訟尚未結案。」拉比說：「那麼，我沒有資格對此做出裁決。因為法官不得接受金錢賄賂自不必說，就是其他非物質的賄賂也禁止。」《塔木德》以為，世界降臨的一切災難，都是由於法律的不公造成的。

——《大眾塔木德·出埃及記》

《聖經》說法庭不能依據一個人的自首而處死他或鞭打他，只能依據兩個證人的證詞行事。

因為很可能當一個人自首時他思緒混亂。也許他長期處於悲慘境遇，精神痛苦，想了卻一生，利劍穿腹或跳樓自盡。也許這就是促使他承認自己犯有罪行的動機，以便能被處死。

總而言之，任何人不能依據他自己的招認而被認為有罪，這個原則是神的旨意。

—— 邁蒙尼德《規則 · 關於法官的法律》第 18 章

怎樣盤問證人呢？證人們被帶到一個房間裡，向他渲染法庭威嚴氣氛，然後除主要證人外均被放出。

法官對主要證人說：「告訴我們，你是怎麼知道某人欠某人錢的？」

如果他答道「他告訴我，『我欠他這麼些錢』」，或「某人告訴我他欠他錢」，那他的證詞是毫無價值的。他應能宣布：「我們在場，他對另一人承認他欠他 200 銖茨。」

之後，第二個證人接受盤問。如果他們的證詞相符，法官才討論此案。

—— 《塔木德》釋文《教公會》篇

一個人只與他自己有關，所以沒有人能宣布自己有罪。

—— 《巴比倫塔木德》釋文《葉瓦 · 莫特》篇

證人的證詞只有在他親眼目睹凶犯行凶時才能成立，不管有多大危害，法庭都不能接受按情況推測的證詞。下面有個極端的案例，說明由於凶犯未被目擊而使證詞無效。

「按情況推測的證詞」是什麼意思？

法官對證人說：「也許你見了一個人追另一個人進入一片廢墟。你跟著他並發現他手持利劍，劍上滴血，而地上被害者在痛苦中抽搐。如果你僅看到這些，你其實什麼也沒看到。」

——《巴比倫塔木德》釋文《教公會》篇

不要輕賤正義，因為它是支撐世界的三足之一，一旦顛倒，便動搖了世界的根基。

——《大申命記》

有三種人的生活品質不高：敏感的人、易怒的人和憂鬱的人。

兩人爭吵時，先行沉默的人值得讚揚。

聽見侮辱並對其置之不理的人才是幸福的，萬惡繞其身而過。

脾氣有四種：

- 易怒也易息怒，這種人失得相抵；
- 發怒難平息也難，這種人得失相抵；
- 發怒難平息易，這種人是聖人；
- 發怒易平息難，這種人是惡人。

——《大眾塔木德》

上帝對大衛的所作所為很不高興，於是派納坦到大衛那裡。納坦到了他那裡說：

「在同個城市裡有兩個人，一個富一個窮。這個富人有很多的羊群和牛群，可是這個窮人只有一隻買來的小母羊。他細心餵養牠，小母羊和他的孩子一起成長。一天，一個過路人到富人那裡，但富人不願用自己的牛羊招待客人；他拿那窮人的小羊羔為客人準備用餐。」

大衛對此人勃然大怒，他對納坦說：「只要上帝存在，做這種事的人就該死！……」納坦對大衛說：「那人就是你！」

——《撒母耳記》II第12章

經商必學的猶太精神：

十七條打破僵局的應對法則，看準商機，重視商譽，從頭學到底，不怕錢跑不進口袋裡！

編　　著：李人豪，湘勇

封面設計：康學恩

發 行 人：黃振庭

出 版 者：財經錢線文化事業有限公司

發 行 者：財經錢線文化事業有限公司

E-mail：sonbookservice@gmail.com

粉 絲 頁：https://www.facebook.com/sonbookss/

網　　址：https://sonbook.net/

地　　址：台北市中正區重慶南路一段六十一號八樓 815 室

Rm. 815, 8F., No.61, Sec. 1, Chongqing S. Rd., Zhongzheng Dist., Taipei City 100, Taiwan

電　　話：(02)2370-3310

傳　　真：(02)2388-1990

印　　刷：京峯彩色印刷有限公司（京峰數位）

律師顧問：廣華律師事務所 張珮琦律師

定　　價：375 元

發行日期：2023 年 02 月第一版

◎本書以 POD 印製

國家圖書館出版品預行編目資料

經商必學的猶太精神：十七條打破僵局的應對法則，看準商機，重視商譽，從頭學到底，不怕錢跑不進口袋裡！ / 李人豪，湘勇編著 . -- 第一版 . -- 臺北市：財經錢線文化事業有限公司 , 2023.02

面；　公分

POD 版

ISBN 978-957-680-583-7(平裝)

1.CST: 商業管理 2.CST: 成功法 3.CST: 猶太民族

494　　111021160

電子書購買

臉書